松花江流域乡村洪灾社会脆弱性与韧性时空差异及机制

刘家福　张继伟　刘春艳　祝　悦　著

科学出版社

北　京

内 容 简 介

本书基于多尺度多源遥感信息，结合野外观测实验、理论分析和模型模拟等方法，开展社会脆弱性和韧性机制研究，主要包括脆弱性评价指标体系的构建、松花江流域洪涝灾害脆弱性评价、松花江流域生态脆弱性评价、松花江流域洪涝灾害韧性评价、流域洪灾脆弱性-韧性耦合研究和韧性乡村建设激励与途径研究等。

本书可供灾害学、环境学、地理学等相关学科本科生和硕士研究生参考，也可供相关科研和技术人员查阅。

图书在版编目(CIP)数据

松花江流域乡村洪灾社会脆弱性与韧性时空差异及机制/刘家福等著. —北京：科学出版社，2024.3

ISBN 978-7-03-076737-0

Ⅰ. ①松… Ⅱ. ①刘… Ⅲ. ①松花江–流域–乡村–水灾–风险评价–研究 Ⅳ. ①P426.616

中国国家版本馆 CIP 数据核字(2023)第 200171 号

责任编辑：杨帅英 谢婉蓉/责任校对：郝甜甜
责任印制：赵 博/封面设计：图阅社

科学出版社 出版
北京东黄城根北街 16 号
邮政编码：100717
http://www.sciencep.com
北京富资园科技发展有限公司印刷
科学出版社发行 各地新华书店经销
*
2024 年 3 月第 一 版 开本：787×1092 1/16
2024 年 8 月第二次印刷 印张：9 3/4
字数：227 000

定价：118.00 元

(如有印装质量问题，我社负责调换)

前　言

人类社会的进步离不开经济的发展，但经济的快速发展对环境也造成了伤害，日趋严峻的生态环境问题会导致生态灾害，进而对普通群众造成危害。人与自然和谐共生理念的提出，使全世界都将研究重心放在生态环境上，探讨人类对生态环境的影响，以及被破坏的生态系统及时修复和合理规划自然资源。单一依靠自上而下的救援模式难以有效地减轻暴雨洪灾所带来的影响，完善乡镇自有的防灾、减灾、救灾能力，才能使得暴雨洪灾所造成的负面影响降低至最小。

灾害研究一直以来都是人类社会的热点问题，根据 IPCC 第五次评估报告，目前全球气温总体呈上升趋势，导致海平面上升，社会群体受到洪涝灾害影响的风险增加，因此针对暴雨洪灾条件下的灾害风险研究十分必要。在有关灾害风险管理的问题中，生态脆弱性与韧性是研究重点。本书应用最新遥感技术与地理信息系统技术，揭示乡村韧性时空差异，分析暴雨洪灾下的乡村社会脆弱性与韧性作用机制，在防灾减灾方面做进一步探索。

联合国国际减灾战略（United Nations International Strategy for Disaster Reduction，UNISDR）将韧性定义为一个系统或区域在受到外界刺激或威胁时，能够根据自身的特点及时有效地接纳和适应这些影响，并自我恢复的能力。当前社区层面韧性研究对象从社区的物理环境、居民住宅区、商业区选址等问题，逐渐变成社会与人在不同的灾害情况下的关系和两者之间的相互影响；研究的主要目标是区域内的人，区域内的资源水平、受教育的程度、灾害风险意识、灾害预警能力与抗灾能力和灾后的恢复有很大关联，及时有效制定出区域内的抗灾计划是现阶段需要重视的研究方向。

脆弱性在广义上被定义为受损失的可能性或系统受到损害时表现出的状态和适应能力。随着脆弱性应用范围的扩大和对脆弱性研究的进一步发展，人们对脆弱性概念及内涵的理解也逐渐加深。例如，“系统”一词在普遍条件下指自然环境与社会经济的复杂结构体，也可以在特定研究背景下理解为个人或群体，此时脆弱性的内涵就演变成个人或群体在灾害事件中表现出的处理和抵抗灾害事件的能力与反应。由于脆弱性被广泛应用于不同领域的研究，学科视角的不同导致对脆弱性的具体解释也多有不同，但众多学者对脆弱性的核心理解都是一致的，即涵盖风险、敏感、适应力、恢复力、压力等一系列相关概念的集合。

脆弱性与韧性两者的关系是相互联系的，被认为是一个研究区域内的本质特征，评估分析两者的关系和联系会涉及到自然、社会、经济等不同层次。两者的区别在于脆弱性重点研究发生灾害的概率，而韧性研究是一个区域或系统自身对外界刺激或威胁的抵抗和自愈能力。脆弱性用于表现一个区域的抗干扰能力和灾害发生的概率，韧性则更多表示为一个区域的自我治愈能力。

本书选取松花江流域乡村为研究对象，分析松花江流域乡村脆弱性与韧性的时空差异及机制，同时参考生态脆弱性，辨识灾害干扰下的区域特征。利用脆弱性和韧性评估模型，从时间和空间双重维度构建乡村脆弱性-韧性分析框架，分析不同类型、不同区域内乡村在灾害冲击下的状况，探究脆弱性与韧性耦合类型特点；构建生态脆弱性评估模型，研究区域内时空分异特征；构建脆弱性与韧性关系模型，揭示脆弱性与韧性相互作用机制。最终将所得结果与 SWOT 策略提升方法相结合，制订适用于松花江流域乡村自身特点的韧性提升方法，确定松花江流域乡村的韧性提升策略。本书有助于研究乡村的灾害特征，以及乡村脆弱性、韧性风险评估等，为乡村建设提出有效的建议。本书主要研究内容如下：

（1）阐述了乡村洪灾社会脆弱性与韧性时空差异及机制的基本概念与理论，探讨了脆弱性与韧性风险评估的典型方法及其运用，并以松花江流域为例，阐述了 RS 与 GIS 技术在洪灾研究中的应用。

（2）采用美国社会脆弱性指数（social vulnerability index，SoVI）指标评估体系，利用主成分分析法和层次分析法（analytic hierarchy process，AHP）相结合判定指标权重，构建科学的脆弱性指标体系，为了更客观的定量综合分析，利用直觉模糊层次分析法（intuitionistic fuzzy analytic hierarchy process，IFAHP）与熵权法构建权重，最终通过优劣解距离法（technique for order preference by similarity to ideal solution，TOPSIS）建立评估模型。

（3）利用主成分分析法、层次分析法以及态势分析法（strengths weaknesses opportunities threats，SWOT）策略提升算法，依据自然灾害风险基本原理，制作松花江流域内乡镇的洪涝灾害韧性风险图、松花江流域内生态脆弱性分级图，并提出脆弱性-韧性耦合提升策略。

（4）对防灾减灾对策进行探讨。本书在成书过程中，坚持理论与实践相结合，方法与运用相结合，力求将科学性与实用性做得更好。作者在前期研究中，参阅大量国内外相关领域论文集、学术报告与论著，在参考文献中未能一一列出，在此以示歉意。

本书是在国家自然科学基金项目[暴雨洪灾冲击下的松花江流域乡村脆弱性及韧性机制研究（41977411）]、吉林师范大学学术著作出版基金资助下完成的，凝聚了课题组所有成员的辛勤劳动，同时在数据处理与分析中也得到了杨沁瑜、席兰兰、申琳、张尧、温竹韵、周林鹏、王跃、张昱鑫、高萱、李家璇、张柏豪、张震禹、孔祥力等研究生的帮助，在此表示衷心感谢。

由于作者知识水平有限，书中存在不当之处在所难免，敬请各位专家、同行和广大读者批评指正。

刘家福

吉林师范大学地理科学与旅游学院

目　　录

第1章 绪 论

1.1 研究背景及问题的提出

目前，在快速城镇化发展的背景下，乡镇作为经济发展的基础载体，社会组织和矛盾更为复杂，面临未知的风险也更为复杂。与此同时，生态环境也逐渐引起大家重视，可持续发展、人地关系稳定成为人类发展追求的理念，但由于人类对生态环境进行大规模改造，过度开发和利用资源，生态压力过大，生态系统遭到破坏，随之出现环境问题，生态系统被严重破坏后，地区就会因承受压力过大而发生严重自然灾害（魏琦，2010）。人类活动干扰造成松花江流域水文、土壤、生态条件等发生变化，使得松花江流域环境发生了巨大的劣化，因此在未知的风险中，暴雨洪灾是对乡村影响最重大的一种。从有科学的水文资料记录开始，松花江流域已经发生过十余次的特大洪水。松花江流域乡镇密集，洪涝灾害给松花江流域相关乡镇带来了严重的影响和重大的经济损失（王艳艳等，2019）。实际上，松花江流域的洪涝灾害以及生态环境质量的下降已经成为制约该地经济发展的主要因素。对于乡镇的防灾减灾救灾很早就受到了国际的关注。我国早在2011年就发布了《国家综合防灾减灾规划（2011—2015）》这一文件，文件中提出要针对洪涝灾害提升居民的防灾减灾能力，并要求加强乡村的防灾基础设施建设（卫敏丽，2012）。

如何将灾害带来的损失降到最小，或者能够在灾害发生前及时采取应对措施是大家最为关心的问题，脆弱性与韧性开始成为研究热点。一部分学者认为，灾害程度大小的不同是因为导致灾害发生的影响因素的种类和强度不同；后来随着人们的深入研究，以及对脆弱性、韧性含义的更深入理解，大家发现灾害程度不仅与各影响因素有关，还与不同的灾害发生体自身有着紧密的联系，两者共同作用于区域的脆弱性与韧性（刘杨，2017）。生态脆弱性是指生态系统在特定时空尺度相对于外界干扰所具有的敏感反应能力和自我恢复能力，是自然属性和人类经济行为共同作用的结果（李鹤等，2008）。探究灾害冲击下流域脆弱性与韧性时空差异及变化规律特征，对提升我国防灾减灾建设能力具有重要意义。

中国的生态脆弱性类型较多，环境问题也较为严重，生态脆弱性表现十分显著。中国的生态脆弱区多分布在干旱地区和山地地区，在干旱地区，生态环境较为恶劣，经济发展水平较低，区域发展特别不均衡；至于山地地区，地形形势严峻，自然环境相对恶劣，也容易产生生态脆弱性（李骊等，2021）。生态脆弱性评价及其研究，有助于人们清晰认识人地关系，深入发掘地区脆弱性的原因，进而能够对脆弱区进行及时有效的治理，也能够对区域环境进行监管，并对区域的生态环境研究提供理论基础和科学指导。

目前，3S 技术在生活中起着举足轻重的作用，它们不仅在各自的独立领域有着重要的应用，两者或者三者相结合也在日常生活中应用十分广泛，如在农业、城市规划和土地资源开发与利用等方面都有着重要作用。3S 技术中，GIS 技术的信息收集和处理功能可以为相关研究提供数据源，解决了脆弱性与韧性的研究中数据来源这一基本问题，另外，地理信息技术强大的空间分析能力，可以对地区脆弱性与韧性的时空演变进行分析。随着研究的深入与成熟，评价体系越来越完善，不同区域建立不同的评价体系，因地制宜建立合适的评价体系才是研究的关键。对区域脆弱性与韧性进行评价，可以保护生态环境，为区域可持续发展提供指导（闫庆武和卞正富，2007）。在生态脆弱性评价模型方面，目前比较权威的评价模型包括压力-状态-响应（PSR）概念模型、暴露-敏感-适应（VSD）评价整合模型、生态敏感性-生态恢复力-生态压力度（SRP）评价概念模型等。生态脆弱性的研究可以及时对流域生态环境进行监测，能协调人地之间的良好关系，改善流域生态质量，为流域的可持续发展提供科学的指导和理论基础（王红毅和于维洋，2012）。

本书选择松花江流域乡村为研究对象，通过地学软件和分析软件相结合，分析松花江流域乡村脆弱性与韧性的时空差异及机制，同时把生态脆弱性作为参考，辨识灾害干扰下的区域特征。利用脆弱性和韧性评估模型，从时间和空间双重维度构建乡村脆弱性-韧性分析框架，分析不同类型、不同区域内乡村在灾害冲击下的状况，探究脆弱性与韧性耦合类型特点；构建生态脆弱性模型，研究区域内时空分异特征；构建脆弱性与韧性关系模型，揭示脆弱性与韧性相互作用机制。最终将所得结果与 SWOT 策略提升方法相结合，制定出一套适用于松花江流域乡村自身特点的韧性提升方法，并确定松花江流域乡村的韧性提升策略。本书有助于深入乡村的灾害特征研究，以及乡村脆弱性、韧性风险评估等，为乡村的建设提出有效的建议。

1.2 研究的科学意义

1.2.1 理论意义

长久以来，自然灾害就是学术界聚焦的热点问题，有关灾害成因规律的探究以及防灾应灾策略的探索已经取得一定成果（刘家福和张柏，2015）。然而随着气候异常的出现，极端暴雨出现频次增加，由此引发的洪灾问题也越来越严重。经济的逐渐发展虽然使我们有了更多的抵抗自然灾害的资本，却也对防灾减灾在减少经济损失方面提出了新要求。目前针对承灾体脆弱性的研究和分析已经涌现了诸多成果，但是更多集中在综合类的自然灾害研究评估上。另外，由于各地区区位条件不同，在探究脆弱性时考量的影响因素也不尽相同。

生态脆弱性研究成为全球生态环境研究的热点问题，生态环境被破坏，对人们居住生活产生负面影响（梁栩等，2021），无法实现可持续发展，人与自然的关系越来越紧张，治理与恢复生态环境成为当今严峻问题，生态脆弱性这一概念便逐步走入学者视野。生态脆弱性的研究遵循可持续发展原则，为人地关系的稳定提供保障，为区域生态环境的治理提供科学依据，对区域发展有重大意义。区域生态环境与人类息息相关，大到区域治理，小到人们生活居住环境，都需要对区域脆弱性进行研究（张佳辰等，2021）。

本书选择洪涝灾害作为前提条件，将松花江流域的乡村视为一个完整的地理单元对其脆弱性、韧性进行综合评估，研究结果可以为松花江流域乡村的未来发展规划提供参考，也可以为相同的地区类型提供研究思路。

1.2.2 现实意义

由于我国地域广阔、经纬度跨越大、地形复杂多样，且水热条件分布组合多样，因此国土范围内自然灾害种类繁多，又由于我国属于世界上的人口大国，发生灾害时的受灾群众众多。据国家减灾委员会办公室发布全国自然灾害损失情况显示：近年来，我国自然灾害多发频发，各类自然灾害导致全国九成以上县（市、区）不同程度受灾，自然灾害已经成为影响我国经济发展、社会稳定的短板因素（单玉芬和宋长虹，2016）。尽管我国在防灾减灾工作中已取得了可观的成绩，但从总体上来说人力物力的投入与预期收益存在差异，防灾减灾能力还有提高空间。在以往的灾害脆弱性研究中，研究区多以国家或大洲为主，但由于地区水文条件、地形地势、经济社会发展甚至社会文化习俗以及人种、民族的不同，大尺度的脆弱性研究更多的是提供宏观把控，想要对一个区域的治理进行规划指导，还需要将研究尺度缩小来进行。

松花江作为中国的七大河之一，流域面积为55.72万km^2，流域范围覆盖黑龙江、吉林、辽宁、内蒙古4个省（区），影响范围广大，流域内的生态环境不断变化。松花江流域地处北温带，其纬度位置及气候条件决定了该地区存在降水时空分布不均、水热条件分配不均的问题。随着我国城市化进程明显加快，该区域内人口聚集区增多、人类活动干扰增强使得该地区自然环境和社会环境发生变化，利用遥感和GIS技术，基于SRP模型构建松花江流域生态脆弱性指标体系，并采用层析分析法和主成分分析法研究松花江流域2005年、2010年、2015年和2020年生态脆弱性时空分异及其影响因素。根据生态脆弱性的评价结果，对松花江流域生态脆弱区的恢复与重建提出建议，为区域生态环境可持续发展提供理论基础和科学保障（刘鹏举，2021）。作为典型的洪涝灾害易发区，松花江流域所面临的洪涝灾害风险也在提高。根据历史资料统计，中华人民共和国成立后松花江流域发生洪水仅以年份来算就有十余次，给松花江干流沿江密集分布的乡村带来了严重经济损失。在这一背景下，寻求洪涝灾害风险管理的有效途径是本地区抗灾减灾的重要任务，对松花江流域脆弱性的空间分布格局以及影响因素进行探究，并在此基础上根据分析结果提出更为科学、准确、合理的防灾减灾建议，对该区域的发展具有重要意义。

1.3 脆弱性与韧性国内外研究进展

1.3.1 脆弱性研究进展

脆弱性这一概念很早就在外国学术界流行，多数是在研究脆弱性评价模型的建立，其中以美国学者卡特的研究最具代表性。Gilberto和Gallopín（2006）从系统的角度来分析社会生态系统中脆弱性、韧性和适应能力之间的概念关系；Dong和Dong（2022）提出了一种改进的随机森林模型，并用它来对洪灾问题做出评价和模拟，该模型采用whale优化算法，将传统模型中的关键参数确定，并结合驱动力-压力-状态-冲击响应（DPSIR）模型构建的评价指标集输出研究区的恢复力指标；Cutter等（2014）利用6个不同的灾后恢复力领域更新了2010年社区基线灾后恢复力指数（BRIC），通过分析美国五年间恢复力的增加和减少，来测试韧性指数的时空变化；Adger（2000）从社会、政治、环境在变化时所受到的外部压力出发，探讨社区韧性，提出生态恢复力是生态系统在面对破坏时维持自身生存的一个特征，强调了与生态恢复力概念相关的社会恢复力；Adger 等（2005）提出社会、生态环境以及任何特定极端事件的结果都会受到灾害前后恢复力的增强或侵蚀的影响，灾害管理需要多层次的治理系统，通过调动不同的抗灾资源，提高应对不确定性和突发事件的能力；Aldunce 等（2014）提出为了应对日益严重的灾害影响和气候变化给灾害风险管理带来的挑战，必须进一步发展灾害风险管理，探讨研究者和灾害风险管理从业者是如何构建韧性的这一问题；Berkes 和 Ross（2013）从社会-生态系统和发展心理学与心理健康几个方面探索社区恢复力，以形成新的研究方向；Cox 和 Hamlen（2015）构建韧性恢复能力评估和规划工具，社区可以利用这些工具生成有关其韧性的当地数据，并能够随着时间的推移监测和增强其韧性；Cutter 等（2008）提出一种新的模型——地方灾害韧性模型（disaster resilience of place，DROP），从不同的角度对恢复力的含义和测量方法进行了大量的研究，从系统论认知角度分析乡村韧性与社会生态系统应对灾害以及灾害恢复力的区别与联系；Zhou 等（2010）提出了一种基于地理信息的抗灾能力测量方法，包括固有抗灾能力和适应性抗灾能力两个属性，从生态科学、社会科学、社会环境系统和自然灾害等多个方面综述了韧性的起源和发展现状，并从地学角度出发，建立了灾害位置损失-响应的灾后恢复力模型，并从三维模型中定义了灾后恢复力，重点研究了韧性的时空尺度受灾体的属性特征；Kim 和 Lim（2016）提出了气候变化背景下城市韧性分析的概念框架，重新整理并确定了韧性力的关键概念要素，并着重考虑气候因素对城市韧性的影响。

生态脆弱性这一研究最早起始于国外，伴随研究的深入，内容逐渐变得全面和规范。20 世纪初美国学者 Clements 首先提出生态过渡带概念，指出在特定自然因素和人为活动共同影响下，当生态环境资源和能量分配不均时，会产生生态脆弱性，进而提出生态过渡带概念。这一概念的提出把许多研究者的目光带到了生态环境方面，越来越多的人开始研究生态环境的脆弱性（黄晶等，2020）。20 世纪 70 年代，生态脆弱性概念走入生态学领域；20 世纪 80 年代，国际把目光转向地圈和生物圈，国际上开始探索新领域；到 20 世纪 90 年代，外国学者开始研究气候对生态脆弱性的影响。随着研究不断深入，生态脆弱性理论不再局限于自然方面，在自然和社会综合研究中取得突破进展（杨强，2012）。Abson 等（2012）使用主成分分析法对南部非洲发展共同体（SADC）地区的社会生态脆弱性进行了概念验证分析，生成空间明确的聚合社会生态脆弱性指数；Cinner 等（2013）研究肯尼亚 12 个沿海社区和相关珊瑚礁的实证案例，评估了沿海社会生态系统由于温度变化引起珊瑚死亡的脆弱性及关键影响；Jackson 等（2004）通过空间外推土地和经济发展，并将这些预测与敏感生态资源地图叠加，探索美国中大西洋地区土地利用变化的生态脆弱性；Markham 等（1996）研究不同生态系统在气候变化下的敏感性，点明保护生态环境需要和气候变化背景下环境科学联系起来；Duguy 等（2012）应用 GIS 方法对西班牙阿拉贡和瓦伦西亚两个区域的森林生态系统脆弱性进行评价；Dwarakish 等（2009）对沿海地区生态脆弱性进行研究，并提出针对性的对策和建议；Gonzalez 等（2010）探讨了气候变化导致的生态系统对植被变化的脆弱性模式；Reddy 等（2015）利用 3S 技术评价印度泰伦加纳邦的生态脆弱性，根据评价结果制定当地的环境保护策略；Ippolitio 等（2010）从暴露性、敏感性、恢复性三方面对塞里奥河的生态脆弱性进行评估。总体来说，国外关于生态脆弱性的研究起步较早，随着工业革命的开展，全球生态脆弱区的面积越来越大，一些生态环境问题逐渐暴露出来，引起国外学者的重视。

目前国内对生态脆弱性的研究已趋于成熟，王介勇等（2005）以 1987 年和 2000 年遥感影像数据为基础，对黄河三角洲垦利县进行脆弱度空间格局和动态分析；范强（2017）以阜新市为例，分析阜新市的生态脆弱性，根据 SRP 模型建立合适的指标体系，来研究生态脆弱性的时空分异特征；贾晶晶等（2020）聚焦石羊河流域，采用 SRP 概念模型构建石羊河流域生态脆弱性评价体系；刘佳茹等（2020）基于 SRP 概念模型，结合遥感和 GIS 技术揭示祁连山地区生态脆弱性的分布特征、时空演变及动因。金丽娟和许泉立（2022）基于 SRP 模型选用 17 个指标，采用层次分析法构建四川省生态脆弱性评价指标体系，研究 2005～2018 年的生态环境脆弱性；孙宇晴等（2021）选取 15 个指标因子构建川藏线生态脆弱性评价指标体系，运用空间主成分分析、空间自相关分析、热点分析、地理探测器等方法研究 2010～2020 年的生态脆弱性。

1.3.2 韧性研究进展

韧性一词由 Holling 等（1973）提出并定义为“一个系统所拥有的在外界冲击来临时，仍能维持功能和运转的能力”。随后 Horne 和 Orr（1998）对韧性进行了补充表述。Paton 和 Johnson（2001）则将韧性定义为“一种可以从危险之中恢复正常运转的能力”。Godschalk（2003）在 *Natural Hazard Review* 中将韧性定义为“整个系统或者一个社区在发生极端事件时的应对能力”。Folke（2006）认为韧性是系统可以吸收和使得系统自身维持在一个稳定状态的能力。Cutter 等（2008）将韧性定义为“一个社会系统在灾害来临时对灾害的快速响应能力和恢复其正常运转的能力”。这一说法为日后韧性定义提供了基础。而联合国减灾署于

2009 年正式将韧性定义为“一个地区、城市、系统暴露于风险中通过有效的措施对风险抵抗、吸收和适应的能力，并保持其基本结构和功能”。自此联合国减灾署所定义的韧性概念已经成为韧性的主流概念。很多学者在理论研究上进行扩展，将理论与不同地区的实际案例进行结合，凭此研究影响社区韧性的相关因素。例如，Tobin（1999）以美国佛罗里达州为研究对象，发现主要是若干经济因素影响美国佛罗里达州的韧性。Paton 和 Johnson（2001）利用社会心理学的相关方法，分析新西兰火山频发的社区韧性，得到年龄和能力是影响韧性的主要因素。Joerin 等（2011）通过 GIS 手段对印度金奈的洪涝灾害和飓风灾害进行研究，在此基础上，从物理、社会、制度、经济、自然等方面构建了社区韧性指标体系。

在国内，韧性这一概念于 2010 年后才作为国内主流概念。巴战龙等（2013）通过跟踪美国近些年的灾害研究，详细地阐述了韧性的特点，并归纳总结了国外韧性研究的概况。汪德根等（2012）也通过对国外弹性城市的介绍，详细阐述了国外韧性理论建设和相关方案的研究成果。徐振强等（2014）通过对我国目前的韧性城市进行分析，详细解读了韧性的概念，并对比了世界范围内的韧性评价指标研究与实测，提出了适合我国国情的韧性城市建设理念。但国内对于韧性的定量研究较少，大多数聚焦于综合性质的研究。缺乏针对某一地区进行实践式的研究。李亚和翟国方（2017）借助 Cutter 的 BRIC 模型评估了我国 288 个地级市，根据分析结果得到影响我国城市灾害韧性的主要影响因素，并提出相关的改进策略。张明顺和李欢欢（2018）分析了国内外的韧性发展情况，并以气候环境研究方向的韧性评估框架为对象，利用定量化的手段对其进行研究。赵鹏霞等（2018）提出了从物理空间、组织结构、社会环境、经济运行、信息沟通、人口六个方面所组成的韧性评估框架。

第2章　研究区概况及数据处理

2.1　研究区概况

2.1.1　自然地理概况

松花江流域位于北半球中纬度地区，具体地理范围为 41°42′N～51°38′N、119°52′E～132°31′E，流域面积约为 55.72 万 km^2，涉及 25 个地级行政区和 105 个县级行政区，覆盖黑龙江、吉林两省大部及内蒙古东部地区，是我国最有名的三江平原之一。

松花江流域位于温带季风气候区，四季分明、降水集中和全年温差大是其主要的气候特点。夏季高温多雨，冬季寒冷干燥。区域内降水主要集中发生于 6～8 月，降水量占全年的 60%～80%。多年平均降水量为 400～750mm，区域内降水时空分布不均现象严重，在空间上表现为由东南向西北递减。拉林河流域降水量最多，可达 900mm。一般地区降水量 500mm 左右。嫩江流域降水量最少，为 400mm 左右，最大与最小年降水量之差约为 2 倍（尹占娥等，2010）。

松花江流域的降水量虽然不大，但是因气温低、蒸发小，径流充沛（娄德君等，2019），流域河川的多年平均径流量为 762 亿 m^3，在我国七大流域内排第四位，其中嫩江年径流量 251 亿 m^3，约占全流域年径流量的 32.9%；松花江干流年径流量 346 亿 m^3，占全流域年径流量的 45.4%（梁芳源等，2022）。

松花江流域包含众多河流，大型河流就有 86 条，超大型河流也有 16 条。松花江流域水资源富饶，可开采的水资源占据总量的 90%。同时地表水含量也十分丰富，其中嫩江占比约为 31%，松花江正源占比约为 23.5%，松花江干流占比约为 45.5%。松花江流域的地形特点鲜明，中间低平四周陡峭，山地和平原之间，是突然相接而不是逐渐递变。河流上游地形多为陡峭的高山峡谷，坡度大，河水流速湍急。中下游为低山和丘陵区，地势较上游相比略微平缓，水流相比上游趋于平稳，中间的松嫩平原地势低平，河道宽浅平缓（齐玉亮，2019）。

洪水易发时期，山区与平原地区因地形差异造成水位涨落速度差异悬殊，遇到暴雨时可能会出现排水速度缓慢进而引发洪灾的情况。降水时空分布不均，地势四周高中间低的特点相互影响，使得松花江流域东部、南部及西部嫩江与洮儿河沿岸成为洪水易发区。

松花江流域是全国七大流域中气温最低、全年温差最大的流域，平均气温仅为 4～6℃，年平均最高气温出现在 7 月，最高曾达 40℃以上；年平均最低气温出现在 1 月，曾经达到−42.6℃。结冰期与封冻期时间长，一般历时 3～5 个月，冰层厚度 1m 左右，大地冻层约 1.5m。每年 11 月下旬开始出现结冰现象，12 月上旬封冻，次年 4 月上旬融化解冻，4 月中下旬开始嫩江上游和松花江干流下游常有凌汛发生。同时春季气温回升，地表积雪融化但地下冻层的存在使得融冻水和大气降水无法下渗，致使地表径流增加进而形成春汛（赵志赫，2018）。

松花江干流流域河谷阶地地形较为明显，平原主要为中西部地区的松嫩平原和东部的三江平原。松花江干流上、中游沿江两岸地形平坦，地势自两岸向河床缓倾斜，自西向东渐低。松花江流域的地质地貌极其复杂，区域内以剥蚀低山丘陵、剥蚀堆积台地、堆积一级阶地和堆积河漫滩为主要地貌单元。综合观察流域地貌景观，以中部松嫩平原为核心，流域可分为东西两部分，东部为长白山、老爷岭、张广才岭、大兴安岭西段中低山、丘陵区，西部为大兴安岭东段中低山及丘陵区，山脉、平原的走向与嫩江、松花江、牡丹江及松花江干流延伸方向一致。可见，这些山脉、河流的展布方向与本流域的地质构造轮廓是密切相关的，是受流域的地质构造所控制的。

松花江流域位于阴山至天山巨型纬向构造带以北，新华夏第二隆起带与第三隆起带之间。自太古代以来，流域内各时代的不同规模和不同类型的地质体的展布特点、地震活动特征、地下水的形成及储存和运移条件等，无一不受流域构造格局的控制和影响。

松花江流域的土壤类型分布如下：黑土和黑钙土主要分布在流域松嫩平原的中部；栗钙土分布于中西部草原地区；暗棕壤分布于小兴安岭、张广才岭等地；草甸白浆土及草甸土主要分布在松花江干流草甸土、棕色森林土或沼泽土过渡的地带；盐渍土和沼泽土主要分布于松嫩平原、三江平原的低洼地带，冲积土分布在松花江干流及其支流沿岸的河漫滩和低阶地。松花江干流流域内植被自东向西由森林、森林草原、森林草甸草原向草甸草原过渡，呈规律性变化（曹慧明和许东，2014）。

在松花江流域的东南部，由于地势较低且与小兴安岭毗邻，受温带针阔混交林区的影响，落叶松林内常分布有少量阔叶树种，如比较耐旱的蒙古栎、黑桦等。从哈尔滨至佳木斯，属温带季风气候，主要植被类型是由红松、蒙古栎、山杨林、白桦林为主构成的针阔混交林和阔叶林。从佳木斯至同江，松花江进入土质肥沃的三江平原，沿江两岸地势低平开阔，广泛分布有丰富的湿地资源（吴昌贤等，2022）。

松花江流域森林资源丰富，草木茂盛，林区面积广阔，素有“林海”美誉，在大兴安岭、小兴安岭、长白山等山脉上活立木总蕴藏量 15.8 亿 m^3，森林覆盖率为 26.9%。松花江流域内林木种类繁多，森林资源丰富，主要存在的林木类型包括针叶林、针阔混交林、阔叶林，林木种类有 100 多种，主要包括白松、红松、落叶松、云杉、樟子松、冷杉、水曲柳、赤松、杨树、桦树、柳树等，其中有 50 多种树质优良且经济价值较高，而红松、白松、水曲柳、黄波罗等更是国内外著名的珍贵树种。松花江流域的草地资源也很丰富，主要分布在大兴安岭南北两侧的呼伦贝尔市、兴安盟、吉林和黑龙江两省西部的广大地区和三江平原等地。特别值得一提的是科尔沁大草原是目前欧亚大陆较为优良的草原之一，科尔沁草原以草甸草原为主，多禾本科和豆科牧草，草的种类超过1000 种。松花江流域内草原的牧草蛋白质含量较高，草质较好，适合大型牲畜生长，出产了三河牛、草原红牛、科尔沁细毛羊等优良的牲畜，是我国重要的肉类食品、羊毛生产基地之一。松花江流域的食用菌资源丰富，如黑龙江木耳、猴头菇等驰名中外，除了质量优良的食用菌资源外，流域内还分布有纤维类、淀粉类和多达 80 多种的芳香类等植物资源。药用植物也是该流域的重要资源，主要药用资源包括人参、山参、柴胡、防风等，其中人参、五味子、党参等 16 种被列为国家保护资源，这些药材的产量和质量位居全国首位。

除了具有种类繁多的森林资源和药用食用植物资源外，流域内得天独厚的自然条件为大量的动物生存与繁衍提供栖息地。主要野生动物可以分为 4 大类，包括哺乳动物、两栖爬行类、鸟类和鱼类。哺乳动物主要包括马鹿、驼鹿、梅花鹿、貂熊和野猪等，大型动物包括东北虎、熊等；两栖爬行类包括铃蟾、林蛙、麻蜥、蝮蛇和龙江草蜥等；鸟类主要包括海燕、鹭、夜鹰、翠鸟、佛法僧和百灵等，其中长白山东部山区及平原地区种类最多，如三江平原有 192 种，东部山区有 153 种，大小兴安岭 204 种，丹顶鹤和天鹅等被列入国家珍贵水禽一级保护对象；松花江流域水面辽阔，江河沟渠纵横，湖泊池塘苇塘水库闸坝星罗棋布，水产资源丰富，蕴藏着丰富的鱼类，包括温水型和冷水型鱼类 100 多种，还有虾、贝类等。由于流域所处的地理环境和特殊的水域条件，本区域的鱼类区系较为复杂，呈现出南北交互的特点，既有典型的平原鱼类、北方冷水鱼类、南方暖水鱼类，又有源于国外的鱼类，其中三江平原的鱼类包括 22 科、97 种，大小兴安岭水域的鱼类有 18 科、85 种。除动植物资源外，流域矿产资源储藏丰富，种类繁多，主要包括能源矿产、黑色金属矿产、有色金属及贵金属矿产、化工原料矿产、建设原料及其它非金属矿产等六大类的矿产资源。此外流域水能资源也极为丰富，松花江被称为东北地区的“母亲河”。

2.1.2 社会经济概况

松花江流域大城市较集中，主要城市包括长春市、吉林市、四平市、辽源市、哈尔滨市、齐齐哈尔市、牡丹江市、佳木斯市等。1988～2005年全流域人口从4698万增加到近6000万，城镇化率由40%增加到50%。流域内GDP约7000亿，人均GDP 1.81万元，略低于全国人均水平。松花江干流流域是我国重要的工业、农业、林业和畜牧业基地。松花江干流流域现状总人口2329.54万人，非农业人口1221.84万人，城镇化率52.45%。国内生产总值达到6063.41亿元，其中工业增加值2116.12亿元。人均国内生产总值2.6万元。全流域耕地面积8523.92万亩（1亩≈666.67m^2），农田有效灌溉面积1915.41万亩，主要粮食作物有水稻、玉米、小麦和大豆等，粮食总产量2571.55万t，灌溉林果地面积28.08万亩，大小牲畜1742.40万头。小兴安岭、完达山、张广才岭等地区是我国主要的林区和木材供应基地。

东北区是中国强大的工业基地，工业发展历史悠久，基础良好，建国后在国家的统一布局下，工业布局更加合理，发展更加迅速。已形成以机械化工业为主的吉林中部工业区，以能源工业等为主的哈尔滨-大庆-齐齐哈尔工业区，以煤炭林业为主的黑龙江西部工业区等。其中以大城市为中心的工业基地发展模式尤其突出。总之，城市工业群的崛起在带动整个流域工业发展上起到举足轻重的作用。

松花江流域得天独厚的自然条件保证松花江流域成为全国重要商品粮基地、重要的经济作物和林业产品基地。松花江流域耕地有一半以上是黑土，肥力较高，有机质含量一般在3%左右，是我国重要的玉米和大豆产地，盛产大豆、玉米、高粱、小麦。松花江干流主要位于黑龙江省，仅少部分属于吉林省。松花江干流流经吉林省两个县（区）和黑龙江省17个县（市、场）以及8个国营农场。该区域水稻、玉米的大面积发展带动了国民经济各业的发展。

2.1.3 洪涝灾害灾情概况

松花江流域降水集中的气候特征和三面环山、中部低平的地势条件使得洪涝灾害成为该地区最易发且最严重的自然灾害。松花江流域的温带季风气候具有降水时空分布不均且多集中在夏季的特点。流域内洪水的主要诱因是暴雨，80%的洪水发生在7～9月，以8月居多；涝区主要分布在松嫩平原、三江平原、松花江中下游地区。洪水主要来自嫩江和松花江吉林省中段的上游山区。由于河槽调蓄的影响，传播时间较长，一次完整的洪水过程从嫩江开始基本需要40～60天，松花江干流达90天，甚至更长（熊治平，2005）。

嫩江和松花江干流由于受河槽调蓄影响较大，洪水多为平缓的单峰型洪水；松花江干流下游佳木斯站受牡丹江和汤旺河等支流洪水的影响，有时出现双峰型洪水，前峰多为支流来水，后峰多为松花江上游来水，松花江干流比嫩江洪水发生频率高；而松花江吉林省中段因暴雨出现次数较频繁，洪峰年内可出现两到三次（魏春凤，2018）。

嫩江大洪水主要发生年份包括1794年、1886年、1908年、1929年、1932年、1953年、1955年、1956年、1957年、1969年、1988年、1998年和2013年，其中1998年的洪水是以嫩江右侧支流来水为主的嫩江及松花江干流特大洪水，嫩江江桥站洪峰流量为26400m^3/s，相当于480年一遇；松花江吉林省中段大洪水主要发生在1856年、1896年、1909年、1918年、1923年、1945年、1953年、1956年、1957年、1960年、1995和2010年，其中1995年的洪水为近60年最大的一次，扶余站洪峰流量为9570m^3/s；松花江干流大洪水主要发生年份有1932年、1957年、1960年、1991年、1998年和2013年，其中1998年大洪水相当于300年一遇，干流哈尔滨站洪峰流量达到23500m^3/s（王劲峰等，1995）。

2.2 数据来源及处理

从小尺度上来探究松花江流域的洪灾社会脆弱性与韧性，能够充分体现区域间的差异，更具体地探讨局部特征。在乡镇样本点的选择上，需要综合DEM数据和河流村庄位置信息数据对乡镇进行筛选，利用自然断点法将他们分别分为五类进行组合，在组合出的不同空间位置村庄类型中进行随机抽样，最终筛选出59个乡村作为样本点。通过邻接分析及表面分析获取高程、坡度和距离邻接表三类数据，然后利用数据插值等方法进行完善，推算得到整个流域内的乡镇情况。对于遥感数据和社会经济信息，主要通过以下方法获取处理。

1. 基础信息调查及获取

利用可移动终端设备、高分辨率影像、GPS等手段在GIS软件环境下，以可视化导航形式开展松花江流域植被及土壤信息调查。通过可视化导航，尽量保证每个村落的调查点均匀分布，涵盖各种植被类型与土壤类型；用高精度 GPS 记录空间坐标信息，并在 GIS 软件中记录对应的植被类型与土壤类型。将乡镇进行网格化处理，并将防洪设施在网格单元上赋值，明确防洪设施的位置及其规模；利用无人机对地表进行倾斜摄影建模，确定乡镇建筑物及周边详细地形信息，并利用无人机影像进行建筑物信息自动化提取；对 59 个样本点乡镇进行充分的信息采集，可获得大量数据以满足后续研究所需数据量。

2. 社会信息等问卷调查

综合考虑地理位置、乡镇类型、洪灾脆弱性等级、用地规模、周边环境、居民构成等多方面因素，开展随机式入户访谈和问卷调查。被调查乡镇均位于洪灾社会脆弱性等级较高且实际洪涝积水点较深的地区，村落居民样本量不少于 50 个，总样本量不少于 3000 个，预计发放问卷量不少于 6000 份，包括社会调查问卷和居民调查问卷两大类。社会调查问卷主要指标包括乡镇的基本信息、受灾频率、乡镇防洪设施、应急避难场所、用地规模、周边环境、住宅层数、用地布局等；居民调查问卷主要指标包括居民基本信息、洪灾风险认知、洪灾损失、应对措施等。

3. 无人机高光谱数据提取建筑物及道路信息

高光谱数据能够通过丰富的波段信息表征建筑物不同材质光谱响应特征和差异，同时无人机数据具有较高空间分辨率可以提取建筑物面积等信息。本书应用 UHD185 光谱成像仪，选择夏季晴朗风小天气，针对松花江流域样本乡镇开展高光谱成像，并对成像数据进行几何配准和拼接，在此数据基础上利用深度学习（deep learning，DL）方法提取建筑物及道路的面积和分布信息，并依据不同材质的光谱响应特征和差异提取建筑物与道路的材质信息。

4. 雷达卫星数据提取植被类型与土壤类型

在植被信息和土壤信息提取中，光学遥感与雷达遥感相结合的多源数据可发挥优势互补作用，将光谱信息与散射机制相结合，提取植被和植被层以下特征。雷达数据可以通过不同极化方式下的后向散射系数对不同土地覆被类型和土壤类型的敏感性来有效识别相应信息。本书选择的雷达卫星数据为哨兵 1 号雷达影像，哨兵 1 号是欧洲航天局发射的地球观测卫星，其卫星影像有两种极化方式，分别为VV极化和VH极化，获取的雷达数据需与高光谱数据及地面GPS进行空间配准，用于提取植被类型与土壤类型。

5. OLI遥感影像数据提取土地覆盖信息

OLI（Operational Land Imager）为NASA发射的Landsat8卫星所搭载的陆地成像仪传感器。OLI传感器相对于ETM/TM解决了以往传感器在全色影像中植被和非植被类型反差较小的问题，同时改善了极亮和极暗区的灰度过饱和的问题，这些新特性对于土地利用类的获取具有十分重要的作用。基于eCognition软件使用面向对象的多尺度分割法对影像进行分割，依据影像质地、纹理将其分割为大小各异的对象，利用CART决策树确定对象归属，完成影像土地覆盖信息提取。

6. 气象数据获取处理

来源于中国科技资源共享网（https://www.escience.org.cn）。将气象站点数据导入ArcGIS软件中，采用克里金空间插值方法进行插值，再分别进行归一标准化处理，得到研究区归一化降水影响分布图和年均温分布图。

2.3　空间数据标准化处理

由于本书的指标数据多样，为了防止数据单位的不同对评价结果造成影响，保证结果的准确性和可靠性，需要对原始数据进行标准化处理。目前数据标准化的方法有很多，查阅文献并综合参考有关脆弱性的研究方案，本书采用极值法对原始数据进行线性变换，使每个评价指标值映射在0～1之间，可将原始指标分为正向指标（即指标值越大评估值越高）和逆向指标（指标值越大评估值越低），分别进行标准化处理（陈萍和陈晓玲，2011）。

对于正向指标：

$$y_{ij} = \frac{x_i - x_{\min}}{x_{\max} - x_{\min}} \tag{2-1}$$

对于逆向指标：

$$y_{ij} = \frac{x_{\max} - x_i}{x_{\max} - x_{\min}} \tag{2-2}$$

式中，y_{ij}指归一化后的数据；x_i为各指标的原始数据；$x_{\min}$为原始数据中最小值；$x_{\max}$为原始数据中最大值。

而韧性指标数据标准化中，为了使数据量纲一致，便于比较，可以进行综合对比、加权、求和等评价操作。常用的标准化方法有极差标准化法和 Z-score 标准化法。

脆弱性指标标准化后的数据如图 2.1 所示。

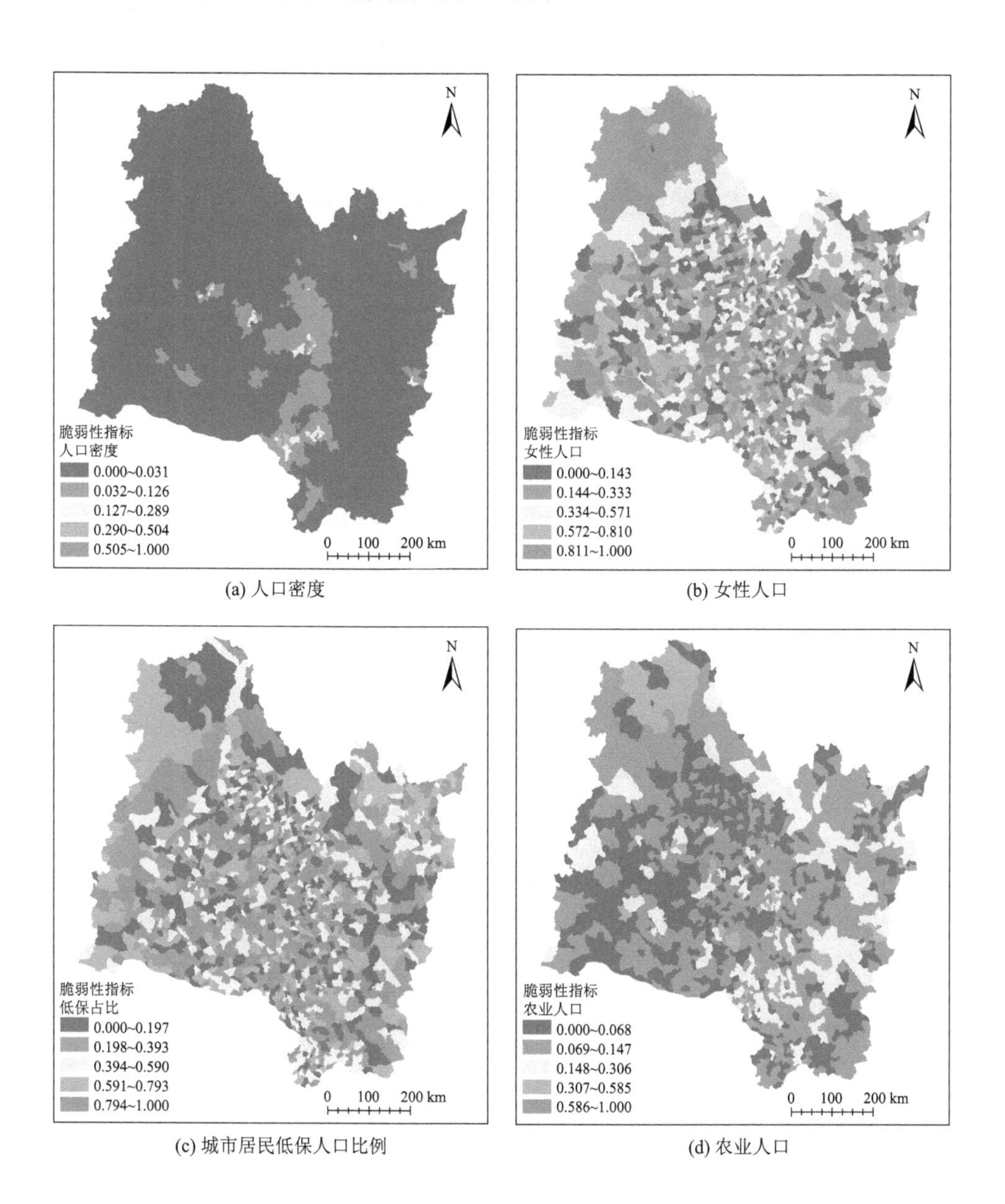

(a) 人口密度　(b) 女性人口

(c) 城市居民低保人口比例　(d) 农业人口

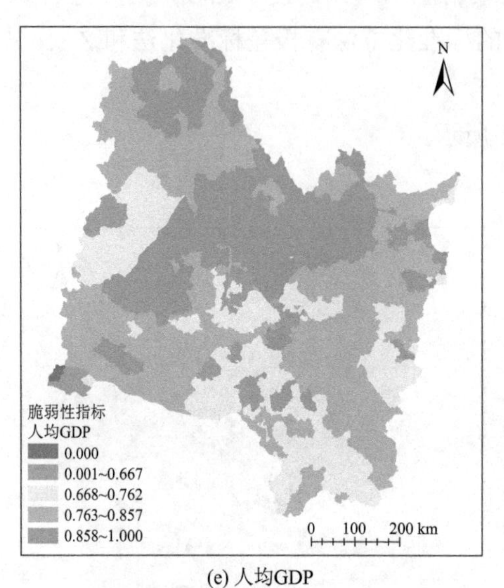

(e) 人均GDP

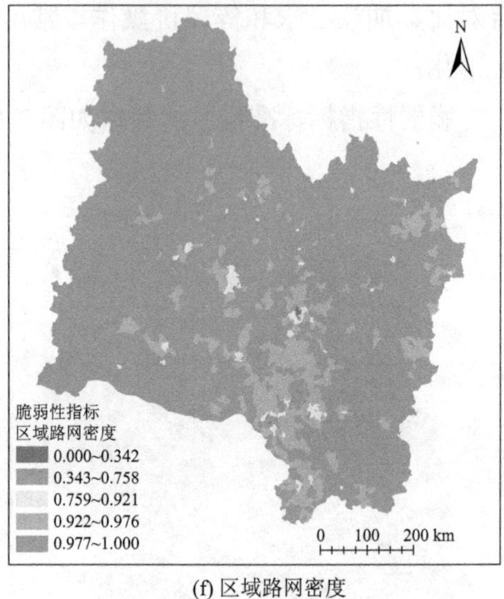

(f) 区域路网密度

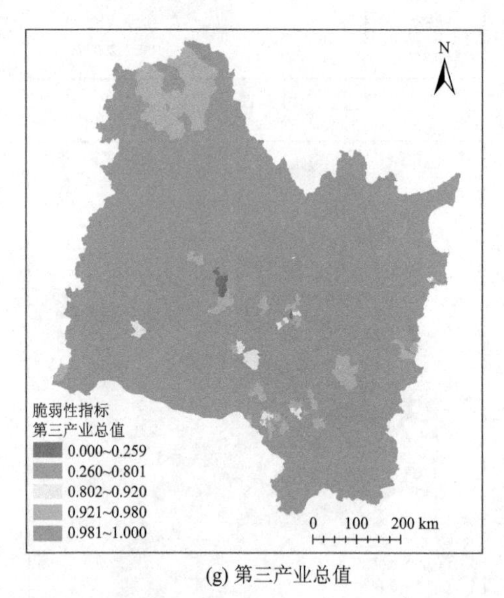

(g) 第三产业总值

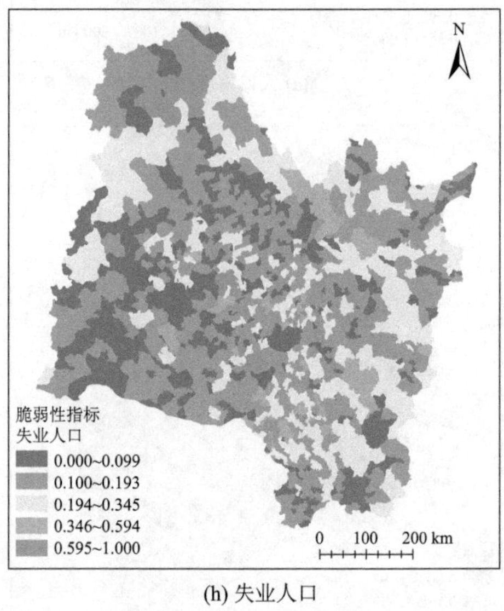

(h) 失业人口

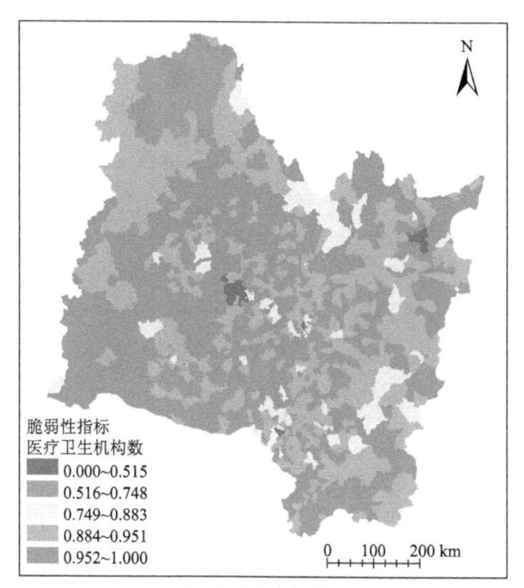

(i) 医疗卫生机构

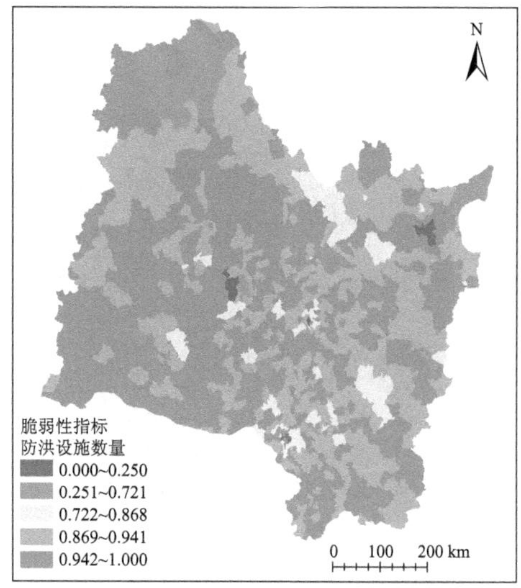

(j) 防洪设施

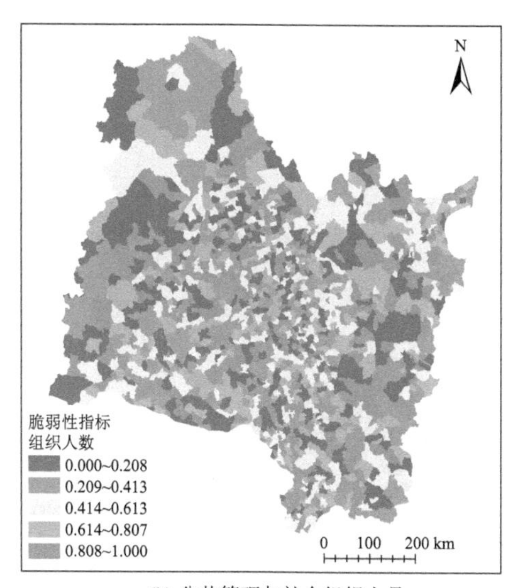

(k) 公共管理与社会组织人员

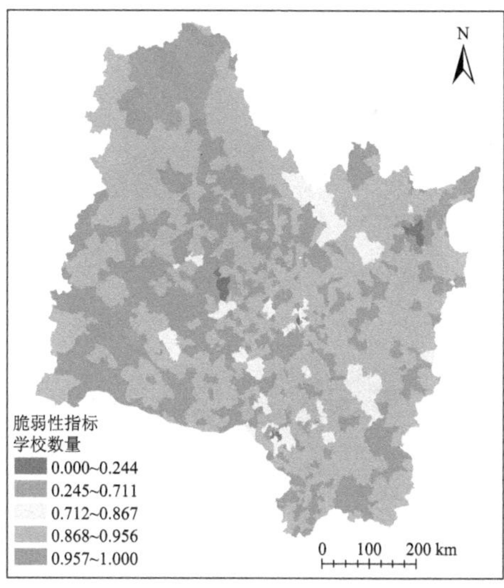

(l) 学校

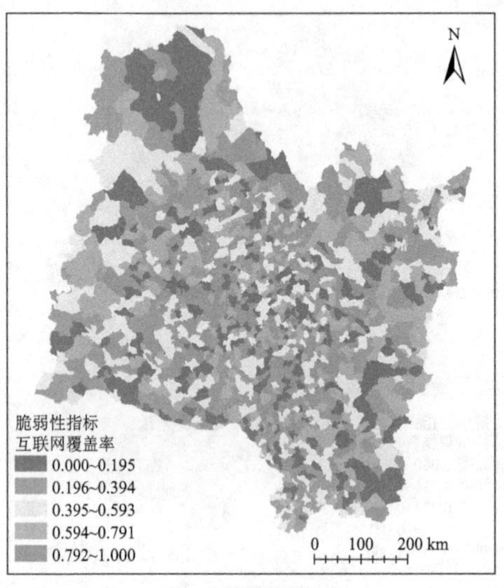

(m) 互联网覆盖率

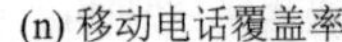

(n) 移动电话覆盖率

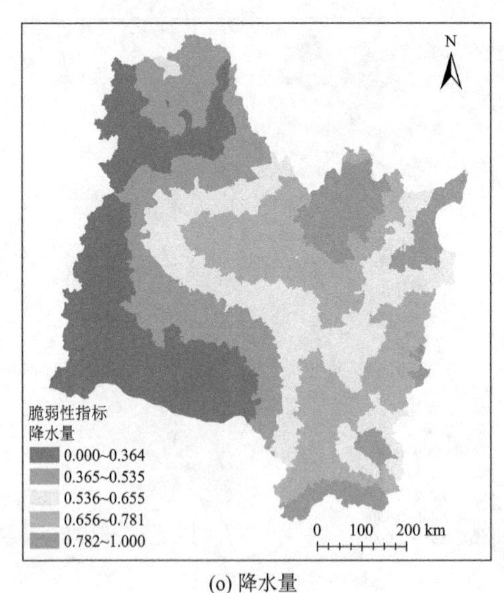

(o) 降水量

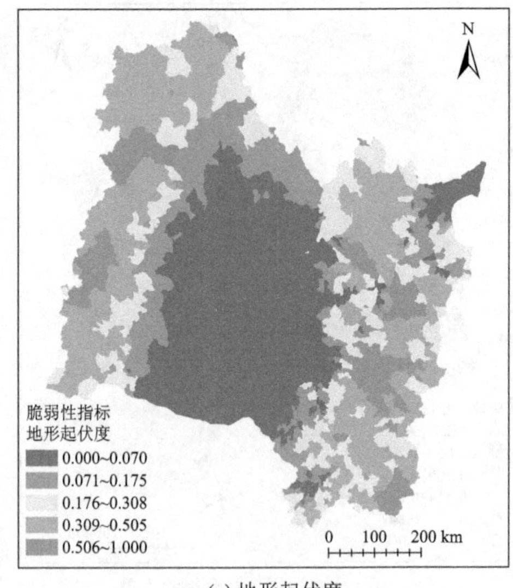

(p) 地形起伏度

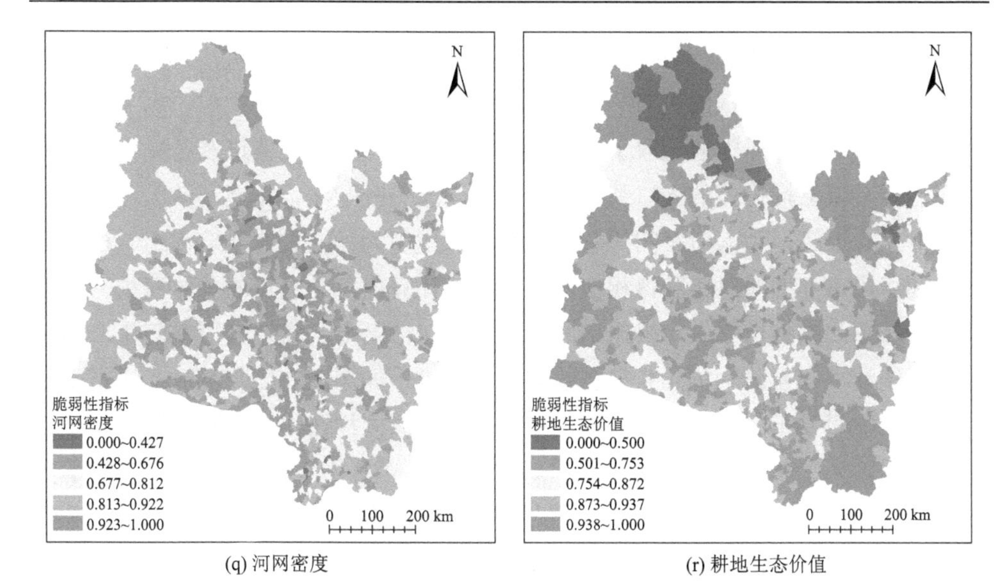

(q) 河网密度　　(r) 耕地生态价值

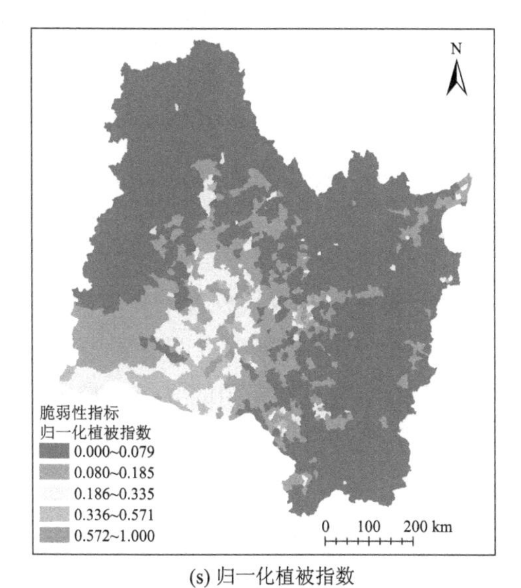

(s) 归一化植被指数

图 2.1　脆弱性指标标准化数据

韧性指标标准化后的数据如图 2.2 所示。

1. 社会韧性评价指标数据

在获取人口数据时，常以统计年鉴为数据源，但是统计年鉴人口数据最多精确到县域，无法满足本研究的需要。因此为了获取乡镇尺度的人口数据，本书利用人口空间化的方法进行数据获取，获得单元格网内的人口数量，再通过分区统计获取乡镇范围内格网的人口总数。为了获得准确详尽的人口数据，本书借鉴相关研究后考虑多方面因素选取了土地利用类型、夜光灯亮度值以及居民点密度等诸多因素，将县域统计的人口数据利用空间多因子分配法，拓展到辖区范围内空间格网上，最终得到人口空间化数据。其具体过程为：通过对土地利用、夜光灯数据和居民点密度的对比获得相应的权重，并计算出各个县域的总体权重，得到权重分布图，并将总体人口根据格网权重分布在格网上，实现人口空间化，再通过分区统计，以乡镇为单元获得乡镇的人口数量。如图 2.2（a）所示。

14 岁以下人口占比与 64 岁以上人口占比数据同样在统计年鉴中缺乏乡镇级别的数据，为了获取准确数据，通过实际调查 59 个样本乡镇，得到 59 个样本乡镇的 14 岁以下人口占比和 64 岁以上人口占比，利用克里金插值的方法，获得整体松花江流域内乡镇的数据，如图 2.2（b）和图 2.2（c）所示。

人口密度通过上文中所得到的乡镇人口数据与乡镇面积进行计算得到，如图 2.2（d）所示。而移动电话数据则通过百度统计流量研究院的百度统计数据产品得到，如图 2.2（e）所示。医生数量通过高德 POI 数据获得该村镇内存在多少医院、诊所，并通过规模估计得到近似的医生数量，如图 2.2（f）所示。

2. 经济韧性评价指标数据

人均 GDP 作为衡量一个地区经济发展程度的重要因素，在以往的研究中通常采用统计年鉴中的数据，但由于统计年鉴中多以市域为基本统计单元，无法准确地获得乡镇的 GDP 总量，因此结合上文采用的乡镇人口数据，借助空间化的方法计算乡镇 GDP 总量。采用与人类经济活动密切相关的土地利用类型数据、夜光灯数据，以及居民点密度等多种因素，以乡镇为基本单元统计空间 GDP 数据，实现对每个格网赋予对应的 GDP，再借助分区统计法，统计相对应的乡镇总体 GDP。结合上文的人口数据计算得到人均 GDP，如图 2.2（g）。

同时第三产业占比也采用相应的算法，结合利于第三产业生产的土地利用类型、GDP、人口密度等数据，计算得到第三产业占比数据，如图 2.2（h）。同时就业率则采用 59 个乡镇采样点所属行政区的劳动就业服务中心获得的该乡镇的就业数据，其他数据通过数据扩充的方式进行获取。高层建筑占比则通过实地考察和天地图高清影像相结合的办法统计 59 个样本乡镇的高层占比，同时也进行数据扩充以达到获得整体数据的目的，如图 2.2（i）和图 2.2（j）所示。

3. 环境韧性评价指标数据

环境韧性评价指标主要包括降水量、年平均气温、土壤保持生态价值、NDVI、地形起伏度和河流长度六个指标。降水量数据来自于2017年松花江流域内的各个气象站点日观测数据，通过整理、计算和插值得到。为了保证数据精度，降水量数据单位为0.1mm，如图2.2（k）所示。同时年平均气温也通过相应的方法得到，结果如图2.2（l）所示。生态服务价值是评估生态环境保护和受灾影响程度的一个重要依据和基础。2003年谢高地在对全球生态服务价值评价研究的基础上制定了符合我国国情的生态服务价值当量因子表。因此本书也采用此种方法基于松花江流域陆地生态系统类型遥感分类数据计算松花江流域土壤保持生态服务价值，如图2.2（m）。归一化植被指数（NDVI, normalized difference vegetation index）是一种可以准确反映土地上植被覆盖程度的指标数据，在目前洪涝灾害研究中已经成为一个不可或缺的指标体系，为了保证数据的精准性，本书选取中国100m植被指数数据，计算2017年每月的上、中、下3旬的最大值而生成，可以准确地反映植被的覆盖程度，对于韧性的评估具有十分重要的意义，如图2.2（n）所示。地形起伏度作为表示地形起伏程度的数据量，通过分区统计法统计各个乡镇最大DEM和最小DEM，计算得出地形起伏度，如图2.2（o）所示。河流长度作为洪涝灾害的一个重要指标，其大小往往影响韧性的评估值，为了准确获得河流长度，利用DEM数字高程模型，借助GIS中栅格空间分析功能，将松花江流域内的所有子流域提取出来，并确定每个栅格单元的水流方向，再利用水流汇聚结合阈值法确定河流网络。最终通过分区统计的办法得到相应乡镇的河流长度，如图2.2（p）所示。

4. 社区韧性评价指标数据

防洪设施数量是衡量一个区域韧性的重要指标，为此本书通过走访59个乡镇获取乡镇所有的防洪设施数量，同时结合该地区经济情况及高层建筑情况，进行多元回归得到整个松花江流域所有乡镇的防洪设施数量，同时又额外抽取5个乡镇进行精度验证，最终结果表明精度约为73.36%，数据基本可信，如图2.2（q）所示。公共管理和社会组织人员作为洪涝灾害来临时的主要管理决策者，因此公共管理和社会组织人员占比数据的准确度是非常重要的，本书通过样本乡镇的实地走访和问卷调查得到一个准确的结果，再通过相应的数据扩充方法得到所有乡镇的公共管理和社会组织人员占比，如图2.2（r）所示。同时低保家庭作为受灾影响最深、最不容易抵抗灾害的群体，在韧性的评估中也是一种不可忽视的因素，因此选取同样的问卷调查和数据扩充方法获得所有乡镇的低保家庭占比，如图 2.2（s）所示。

5. 基础设施韧性评价指标数据

学校作为一个地区最重要的基础设施，无论是在教育层面还是作为受灾后的避难场所都尤为重要，因此统计学校的数量也是十分重要的。本书采用高德的全国 POI 数据，获取相关学校的数量，如图 2.2（t）所示。人均道路长度数据则来源于高德的全国路网数据，再与乡镇总人口计算得出，如图 2.2（u）所示。同时互联网用户数量作为一个地区基础设施的重要指标也是不可或缺的，通过百度互联网用户数统计数据得到，如图 2.2（v）所示。

6. 组织韧性评价指标数据

保险作为一个地区组织韧性的重要衡量标准，本书选取关系到居民生活的两个重要的保险为评价指标，分别为失业保险和医疗保险，并计算其覆盖率。通过对新华保险、人寿保险，以及社保局等相关企业和部门的走访，获得较为可信的乡镇失业保险覆盖率和医疗保险覆盖率，如图 2.2（w）和图 2.2（x）所示。同时党员作为我国的先进团体，党员的数量也从一定程度代表了该地的组织韧性，在洪灾来临时党员作为主要参与力量起着决定性的作用，因此通过实际乡镇走访和党委的数据得到松花江流域乡镇大致的党员数量，如图 2.2（y）所示。

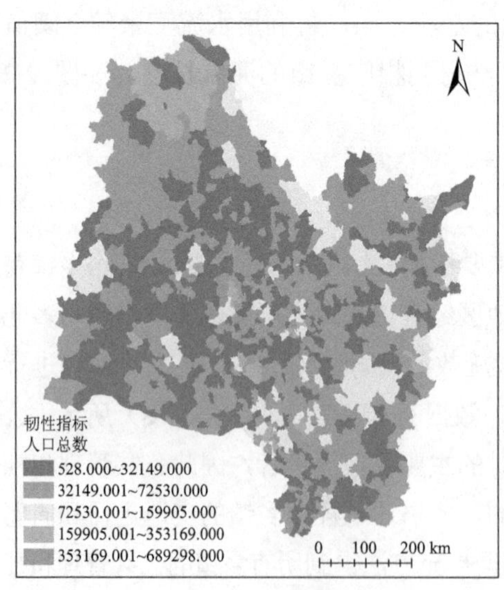

(a) 总人口数

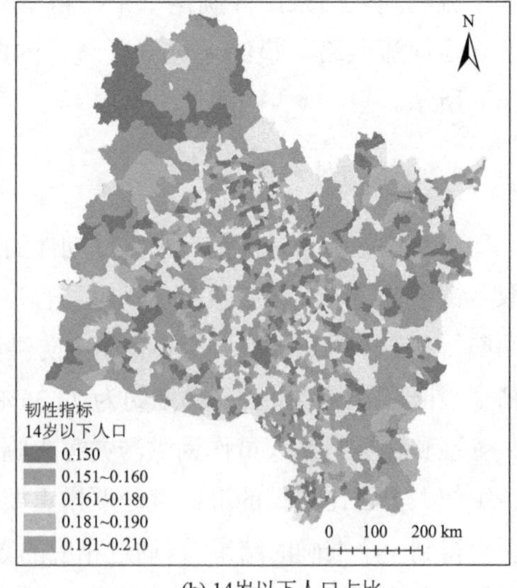

(b) 14岁以下人口占比

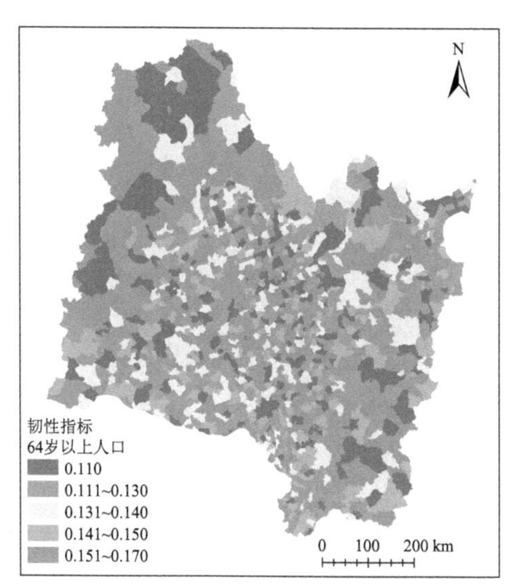

(c) 64岁以上人口占比

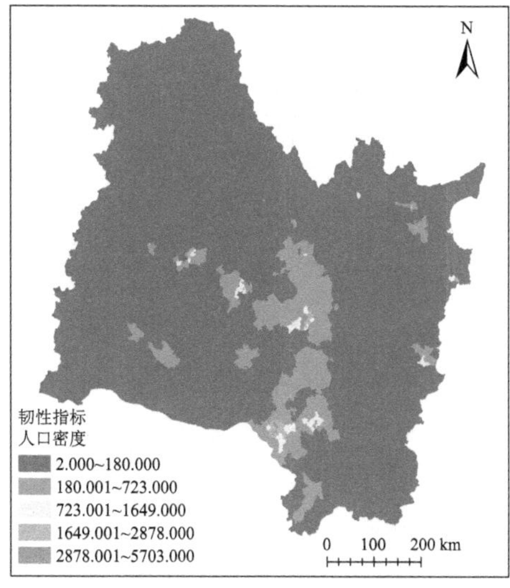

(d) 人口密度

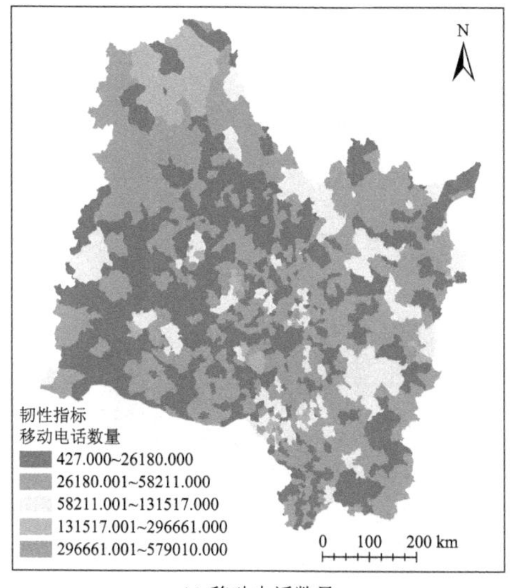

(e) 移动电话数量

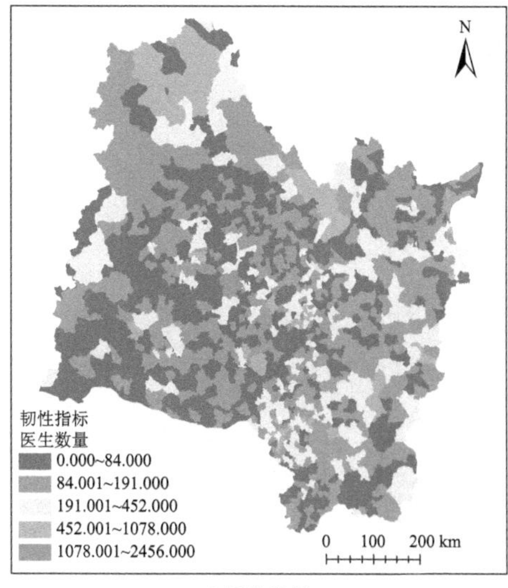

(f) 医生数量

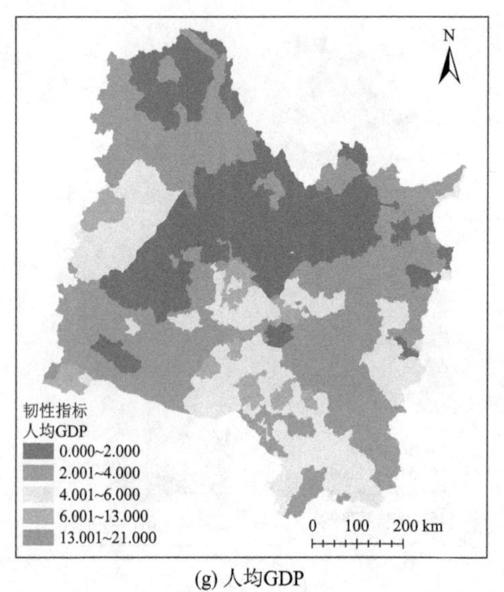

(g) 人均GDP

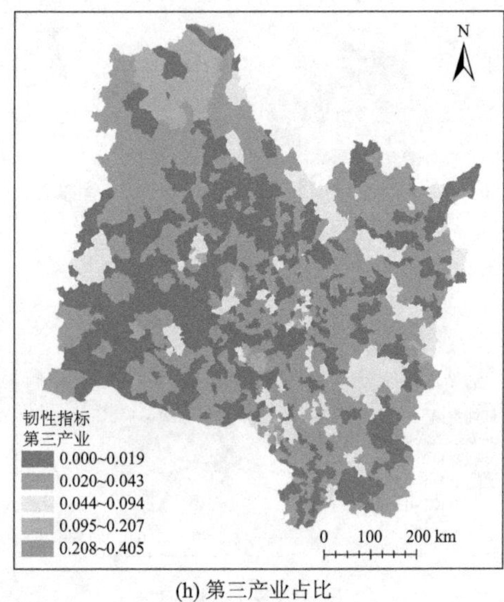

(h) 第三产业占比

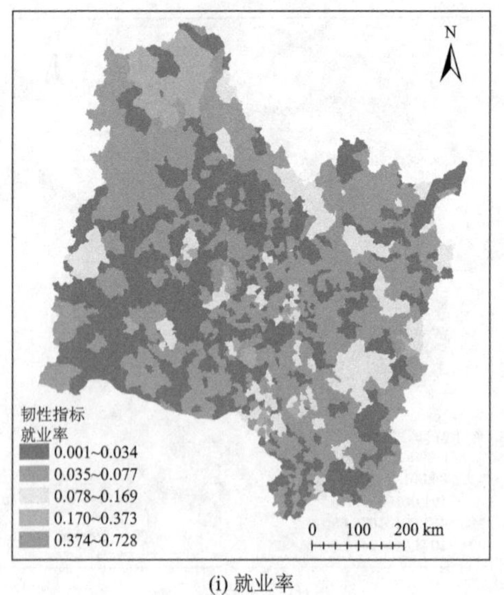

(i) 就业率

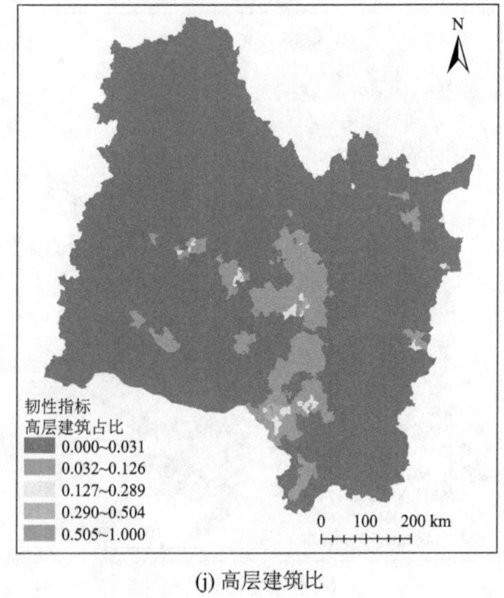

(j) 高层建筑比

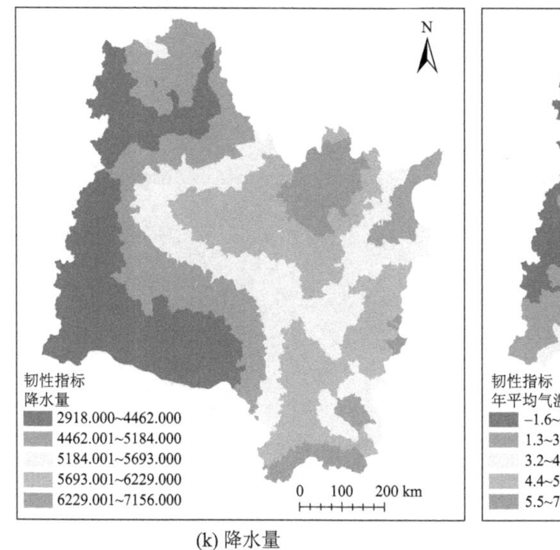

(k) 降水量

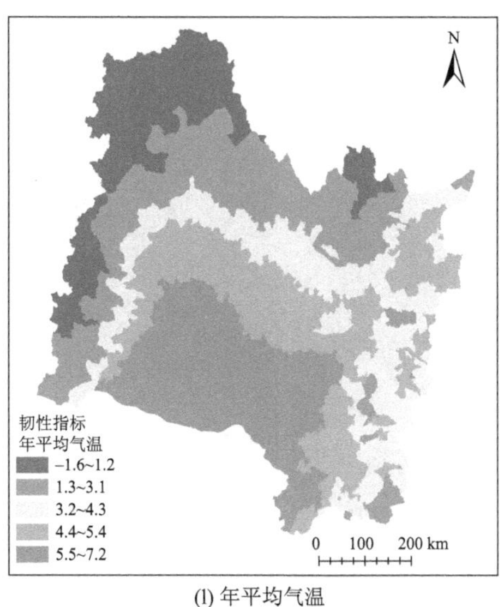

(l) 年平均气温

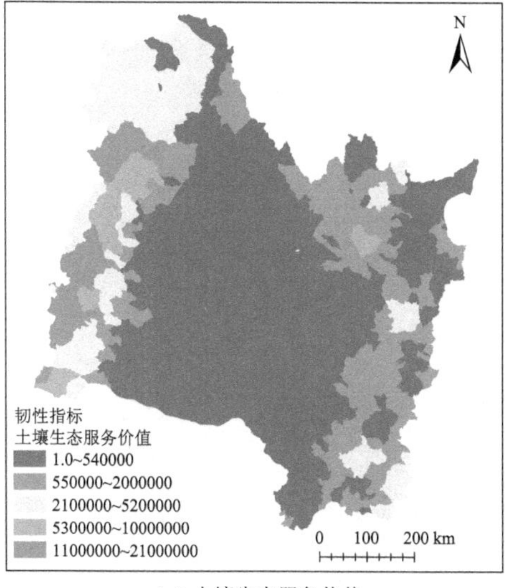

(m) 土壤生态服务价值

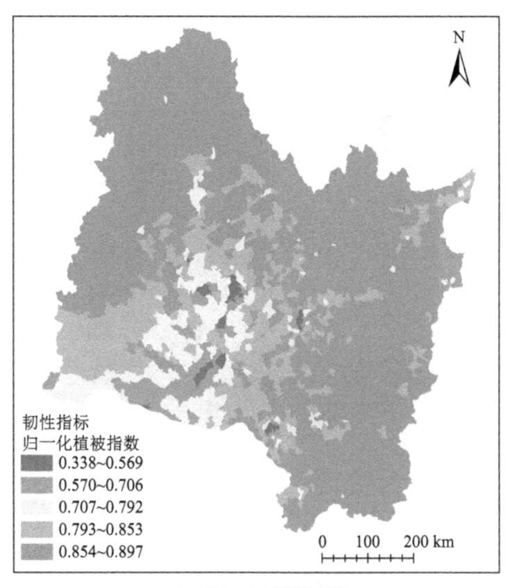

(n) 归一化植被指数

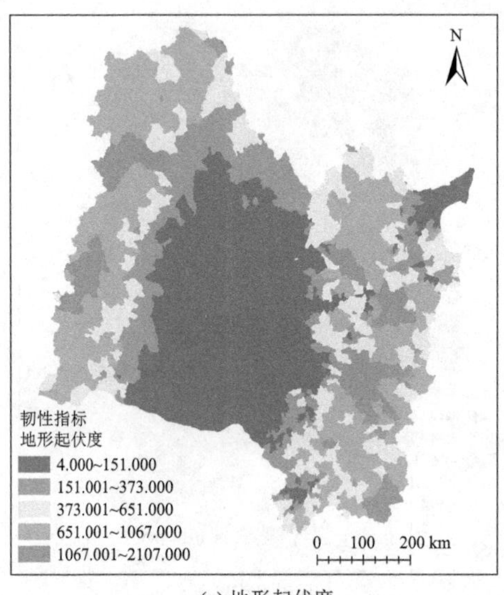

(o) 地形起伏度

N
韧性指标
河流长度
0.0~22000
23000~59000
60000~130000
140000~400000
410000~1500000
0 100 200 km

(p) 河流长度

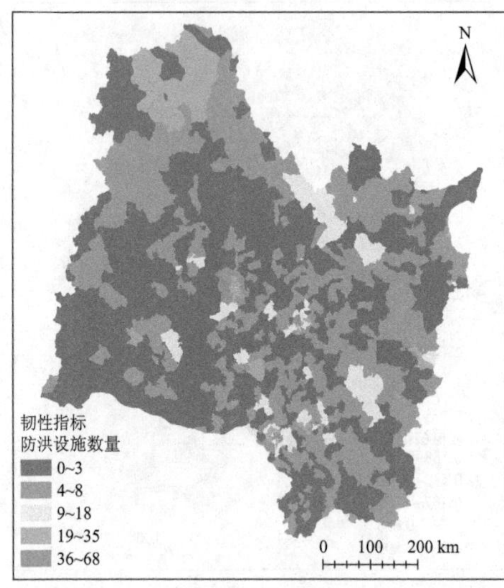

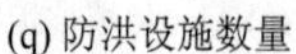

(q) 防洪设施数量

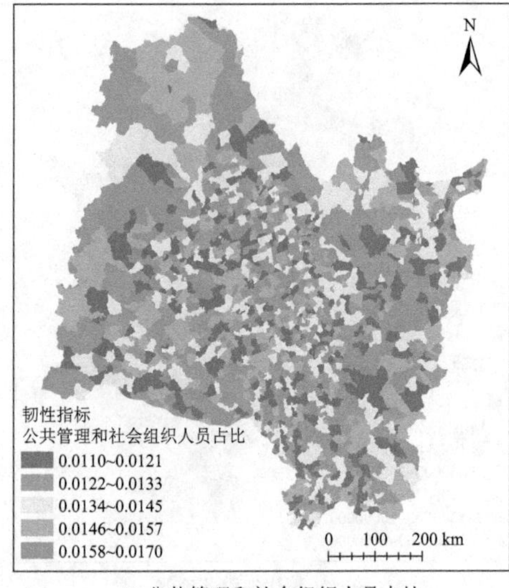

(r) 公共管理和社会组织人员占比

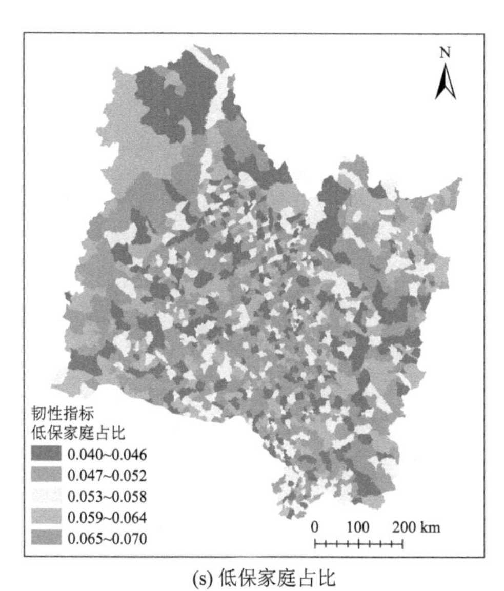

(s) 低保家庭占比

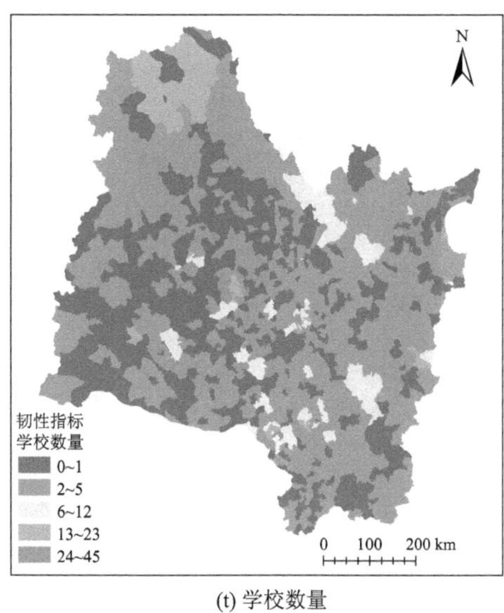

(t) 学校数量

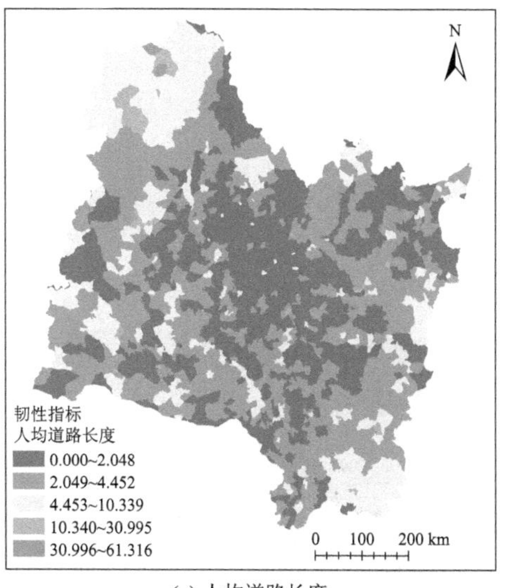

(u) 人均道路长度

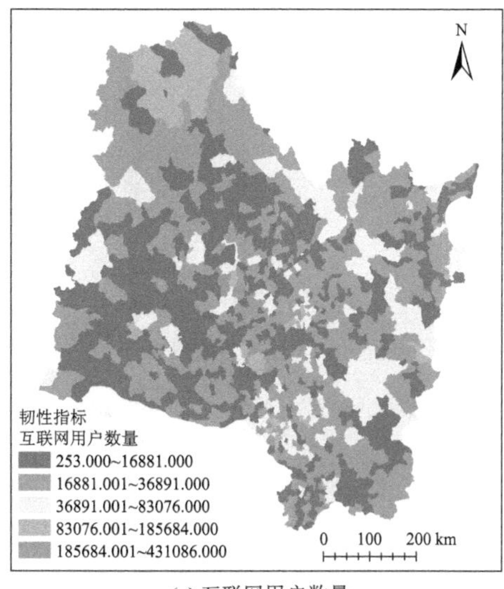

(v) 互联网用户数量

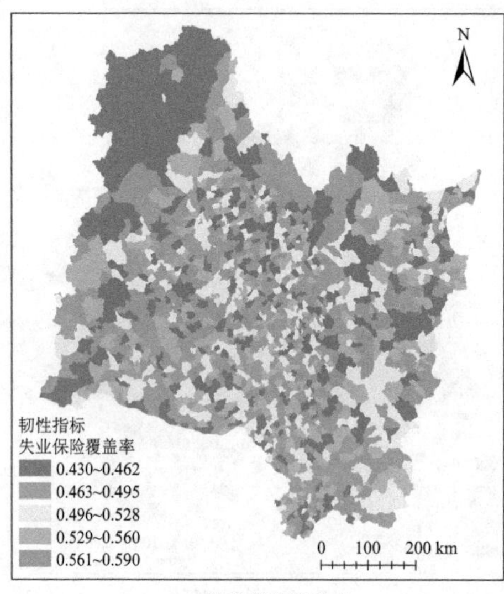

(w) 失业保险覆盖率

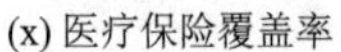

(x) 医疗保险覆盖率

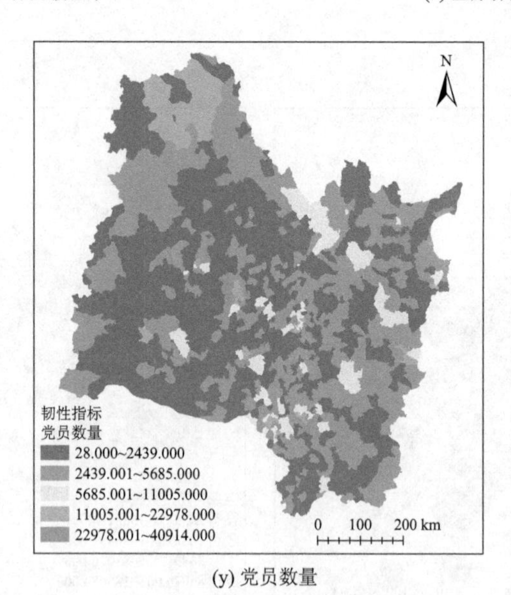

(y) 党员数量

图 2.2　韧性指标标准化数据

第3章 指标体系的构建

3.1 指标体系的选取原则

松花江流域面积辽阔，跨越3个省（区），各乡镇的自然环境、经济发展和基础设施条件等均具有较大差异，而洪灾脆弱性的评估结果又十分依赖于指标的选取，因此整个松花江流域的洪灾脆弱性评估在进行指标选取时要综合考虑多方面因素，衡量比较最终确定最优方案。指标数据的选择应在一定的原则指导下进行，只有具有一定的逻辑关系，才能保证所构建的指标体系能够真实、有效地反映区域脆弱性的特性（刘慧和师学义，2020）。

（1）科学性是基本。指标评估体系的构架来源于指标的选择，所以在指标选择时应该大量阅读相关文献，在充分理解脆弱性的基础上，结合前人研究和研究区特点以及所要研究的灾害种类，构建出客观、准确的具有科学性的指标体系，由此才能得到更加准确的评估结果。

（2）全面性和针对性并行。一个区域内的各种自然条件、社会情况都是相互影响、相互制约的，因此不管进行何种评估研究，在指标选取时都应该能够全面地体现出该地区的环境、资源、经济和社会状况，也就是指标选取时的“全面性”。另外本书的评估对象是松花江流域的洪灾脆弱性，首先要注意把握松花江流域的区域特点，其次，考虑到评估的灾害主题是 “洪涝灾害”，在进行指标选取时应该注意其与评估对象的相关特性，即指标选取的“针对性”。

（3）实用性和适用性兼具。在制定指标时应该考虑到数据的收集和获取问题，数据收集后如何进行分析量化也是指标选取需要考虑的重点。指标制定的“实用”和收集数据的 “适用”，即实用性与实用性兼具。

（4）定量与定性相结合。建立评估效果理想、符合实际的指标体系，应当对研究对象有充分的了解，能够针对研究的问题分析其背后的影响因素，将模糊笼统的问题进行区分界定，并从这些影响因素的角度出发选择指标数据，即为“定性”。在定性分析的基础上，进行指标的量化处理，定量化的指标能够对洪灾脆弱性进行定量评价，便于研究结论的探讨和各种因素的比较分析。采用定量与定性相结合的方法，能够更加全面、客观地评估松花江流域的洪灾脆弱性。

（5）简明性与独立性。指标数据应该简明易懂，防止过于复杂的概念出现。指标数据之间应该尽量相互独立不受彼此影响，这样才能更科学客观地反映研究区的洪灾脆弱性实际情况。

（6）可操作性。指标数据的选择最终是为了洪灾脆弱性评价结果的得出，而评价脆弱性则是为了给地区洪灾风险管理提供更好的数据参考和发展意见，因此可操作性是指能够根据选择的数据使得地区做出相应的调整和制定相应的对策。

3.2 脆弱性评价指标的筛选

松花江脆弱性评价采用的是 HOP 评价模型，该模型将指标分为两类：物理脆弱性和社会脆弱性。其基本概念是区域脆弱性需要由该区域的地理、社会和人文系统等因素决定（Cutter et al.，2014），地理风险因素与社会减灾措施的相互作用产生了潜在的风险，表现为在地理维度上的物理脆弱性和在社会维度上的社会脆弱性。HOP 模型不仅可以有效地表征一个区域的地理环境脆弱性差异，还可以表征区域社会经济特征脆弱性的差异。

根据指标数据的选取原则，考虑到数据获取的难度，参考国内外现有的脆弱性评估研究成果，针对松花江流域的水文地形特征和社会经济特征，从指标级、因素级、系统级和目标级四个层次构建了松花江流域洪水脆弱性评价指标体系。

本书将松花江流域脆弱性分为五个系统层次：环境脆弱性、人口脆弱性、经济脆弱性、社会结构脆弱性和社会文化脆弱性。在考虑环境脆弱性指标时，由于本书探讨松花江流域的洪水脆弱性，因此选择了降水量和河网密度来代表松花江盆地的气候和水文条件；地形起伏会影响暴雨发生时发生洪水的概率，地形起伏越大，雨水在地面上汇聚和渗透的难度越大，速度越快；归一化植被指数和农田生态价值的选择则基于植物的水土保持能力和土壤的入渗能力（冯滔等，2015）。此外，栖息地质量也能很好地反映研究区域的环境脆弱性，但考虑到栖息地质量本身是一个综合概念，其计算非常复杂，这不符合指标选择的简单性和可操作性原则，因此最终选择删除。在选择与人口脆弱性、经济脆弱性、社会结构脆弱性和社会文化脆弱性相关的指标时，以 Cutter（2014）的 SoVI 为基本框架，综合考虑和比较 Cutter 提出的 42 个影响因素和郭跃（2010）提出的 38 个自然灾害社会脆弱性指标，并从人口压力指数、弱势群体指数和弱势职业指数的角度描述人口脆弱性；从经济发展指数的角度构建经济脆弱性；从社会安全指数、社会保障指数和社会组织指数的角度描述社会结构的脆弱性；最后从社会文明指数的角度来描述社会文化的脆弱性。在选择指标层时，从数据获取难度、各因素层指标数量平衡和正负指标总体平衡的角度，最终选取 19 个指标构建了松花江流域洪水脆弱性指标体系，如表 3.1 所示。

表 3.1　松花江流域洪水脆弱性指标体系

目标层	系统层	因素层	指标层
松花江流域洪水脆弱性	人口脆弱性	人口压力指数	人口密度（+）
		弱势群体指数	女性人口比例（+）
			城市居民低保人口比例（+）
		弱势职业指数	农业人口（+）
	经济脆弱性	经济发展指数	人均 GDP（–）
			区域路网密度（–）
			第三产业生产总值（–）
	社会结构脆弱性	社会安全指数	失业人口（+）
		社会保障指数	医疗卫生机构数（–）
			防洪设施数（–）
		社会组织指数	公共管理和社会组织人员（–）
	社会文化脆弱性	社会文明指数	学校数量（–）
			互联网用户覆盖率（–）
			移动电话覆盖率（–）
	环境脆弱性	环境指数	降水量（+）
			地形起伏度（+）
			河网密度（–）
			农田生态价值（–）
			归一化植被指数（–）

3.3　基于 SRP 模型的生态脆弱性评价指标体系

3.3.1　松花江流域生态脆弱性评价指标体系

SRP 模型（sensitivity-resilience-pressure）是 2008 年提出的依据生态系统稳定性而构建的一种综合评价模型（张争胜等，2008）。SRP 模型以生态系统稳定性为前提，当外界环境被破坏时，生态系统会表现出一定的敏感性，这种敏感性会因为生态系统缺乏相应的能力而使其发展方向发生变化。生态脆弱性评价能够了解生态环境的变化情况，及时对区域环境进行治理和规划，有助于人类对生态环境的保护与监管（常学礼等，1999）。评价模型的具体构建方法为：因地制宜地选取与生态环境相关的指标，并根据指标的性质及重要程度赋予不同的权重数值，最后利用生态脆弱性指数的公式计算得出结果（姚建等，2004）。目前 SRP 模型凭借其全面和综合的特点，广泛应用在阜新市、大连市和石羊河流域等地区，并对所研究区域的生态脆弱区做出指导性意见。一般来说评价系统的建立要具有完整性和规范性，要全面、综合地对整个研究区进行了解和分析后，选定最合适的评价指标方案，充分研究出生态环境的脆弱性特点（黄晓军等，2018）。

通过阅读众多国内外学者和专家关于流域生态脆弱性的时空分异研究，结合松花江流域的特点，基于 SRP 模型构建松花江流域生态脆弱性指标体系，该指标体系包括 3 个准则层，分别为生态恢复力、生态敏感性和生态压力度；准则层下面分为 8 个要素层，分别为人口活动压力、社会环境压力、地形因子、地表因子、气象因子、景观结构、功能和活力；最底层为 11 个指标因子，包括人口密度、人均 GDP、坡度、坡向、高程、植被覆盖度、年均气温、年均降水量、景观多样性、居民点干扰和生物丰度（陈耀辉，2020）。松花江流域生态脆弱性评价体系如表 3.2 所示。

表 3.2　松花江流域生态脆弱性评价体系

目标层	准则层	要素层	指标层
基于 SRP 的松花江流域生态脆弱性评价	生态压力度	人口活动压力因子	人口密度
		社会环境压力因子	人均 GDP
	生态敏感性	地形因子	坡度
			坡向
			高程
		地表因子	植被覆盖度
		气象因子	年均降水量
			年均气温
	生态恢复力	景观结构	景观多样性
		功能	居民点干扰
		活力	生物丰度

3.3.2　评价因子释义及计算方法

1. 评价因子释义

基于 SRP 模型的松花江流域生态脆弱性评价体系中 11 个评价指标的指标释义如表 3.3 所示。

表 3.3　基于 SRP 模型的松花江生态脆弱性评价体系

指标层	释义	单位
人口密度	表示单位面积上的人口数量，人口密度越大，生态环境的压力越大	人/km^2
人均 GDP	表示人均收入情况，是在经济方面对生态脆弱性的影响	元/人
高程	属于地形因子，表示地表起伏状态	m
坡度		°
坡向		无量纲
植被覆盖度	属于地表因子，植被覆盖度较高，表明生态环境较好	无量纲
年均降水量	属于气象因子，分为降水和气温	mm
年均气温		℃
景观多样性	反映松花江流域内景观生态系统类型的丰富性	无量纲
居民点干扰	反映松花江流域人类活动对生态环境的影响	无量纲
生物丰度	表示松花江流域内生物种类的丰贫程度	无量纲

2. 评价因子计算方法

1）生态压力度因子计算

生态压力度是指生态环境受到外界压力和干扰的程度大小。人类为了自身的发展会在极大程度上改造生态环境，如对土地资源的利用等。但在这一过程中，过度索取资源会对生态环境造成一定的破坏（赵冰等，2009）。选取人口密度和人均 GDP 这两个指标来反映生态压力度。

（1）人口密度：表示单位面积上的人口数量。人口密度=总人口数/区域面积。

（2）人均 GDP：表示人均收入情况，可以衡量一个地区的发展状况。人均 GDP 密度=总 GDP/总人口。

2）生态敏感性因子计算

生态敏感性是指生态环境受到外界压力时所表现出来的敏感性，环境要素决定生态敏感性，选取地形因子、地表因子和气象因子来反映生态敏感性（尚嘉宁等，2021）。

（1）地形因子主要包括高程、坡度、坡向，由 ArcGIS 软件获取。其中坡向对光照、降水和植被的生长有较大影响，进而影响生态脆弱性（毛骁，2020）。

（2）地表因子采用植被覆盖度进行衡量，利用 NDVI 数据计算。公式如下：

$$f=\frac{\mathrm{NDVI}-\mathrm{NDVI}_{\min}}{\mathrm{NDVI}_{\max}-\mathrm{NDVI}_{\min}} \tag{3-1}$$

式中，f 为一年平均植被覆盖度；NDVI 为一年平均归一化植被指数；$\mathrm{NDVI}_{\max}$ 为最大值；$\mathrm{NDVI}_{\min}$ 为最小值。

（3）气象因子对区域有着重要影响，气候变化会影响植被的生长。利用 NetCDF 插件结合 ArcGIS 软件中 multidimension tools 功能对气象数据进行处理，得到年平均气温和年均降水量数据。

3）生态恢复力因子计算

生态恢复力是指生态系统在遭到破坏时的自我调节和恢复能力，当受到压力超过生态系统的承受和恢复能力时，生态系统就会被破坏。用景观多样性、居民点干扰和生物丰度来反映生态恢复力。

（1）景观多样性指数主要体现区域内的景观类型的多少，即景观的复杂程度。基于土地利用数据，利用 Fragstas 4.2 软件提取。

（2）居民干扰点是城镇和乡村居民用地对生态环境的干扰，根据土地利用数据的二级分类，把城镇和乡村居民用地转化为栅格数据。

（3）生物丰度是反映一个区域生物种类的丰贫程度的重要指标，生物丰度越高，表明生态系统恢复能力越强，越不会受到破坏。计算公式如下：

$$\begin{aligned}F=(&0.11\times A_{\text{cultivated}}+0.35\times A_{\text{forest}}+0.21\times A_{\text{grass}}\\&+0.28\times A_{\text{water}}+0.04\times A_{\text{construction}}+0.11\times A_{\text{unutilized}})/A\end{aligned} \tag{3-2}$$

式中，F 为生物丰富指数；$A_{\text{cultivated}}$、A_{forest}、A_{grass}、A_{water}、$A_{\text{construction}}$、$A_{\text{unutilized}}$ 分别为耕地、森林、草地、水域、建设用地和未利用土地的面积，m^2；A 为土地总面积，m^2。

3.4　韧性评价指标的筛选

Cutter 等（2014）提出的 BRIC 模型将城市韧性划分为六个部分：社会、经济、制度、基础设施、生态和社区能力，并确定了相关的 49 个指标，通过权重计算最终得到城市韧性（Ntontis et al.，2020）。因此 BRIC 计算结果是一种相对韧性，但由于该模型使用方便，数据获取容易、可操作性较强，因此得到了广泛应用（Laurien et al.，2020）。然而，BRIC 所提出的某些因子不适用于松花江流域的乡镇研究（Wickes et al.，2011），同时国内外国情也不尽相同（Boon，2014）。因此本书根据国内外综合研究情况，从乡镇角度出发，借鉴城市韧性评价指标，以合理、科学、准确的方法选择合适的指标（Handayani et al.，2019），从经济、社会、环境、社区、基础设施以及组织等方面来进行评价指标的确定（Bruijn，2004）。

1）经济韧性

在衡量一个区域的整体经济水平时，往往通过其 GDP 来判断，因此选取人均 GPD 作为经济韧性的一个指标。同时，第三产业作为经济的命脉，其占据总体经济产值的多少也是衡量一个地区经济发展程度的重要标准。衡量经济也要考虑该区域内人员的整体就业水平，因此也选取就业率作为一个关键性的指标。往往经济发展较好的区域城市规模较大，高层建筑比较多，因此选取高层建筑占比作为其中一个关键性的指标（Tuohy and Stephens，2012）。

2）社会韧性

社会因素维持区域的基本运转，也是地区未来的发展潜力和保障居民美好生活的关键因素。因此本书从人口总数、14 岁以下人口比例、64 岁以上人口比例、人口密度、移动电话数量和医生数量方面构建社会韧性指标（Liu et al.，2020）。

人口总数基本代表了区域的社会发展水平，人口会自动向社会水平发展较高的地方流动，因此人口总数可以成为一个反映社会发展水平的指标，同时 14 岁以下的青少年作为一个地区未来发展的潜力，也是对这个地区社会发展水平的保障。老有所依也能从另一方面去推断该地区的城市发展水平，因此 64 岁以上的人口比例也成为本书所选择的目标。而人口密度是衡量一个地区社会发展的关键性指标，不同于人口总数，人口密度更偏向于衡量同等级别的地区的社会发展水平，因此人口密度也可以用来评价社会韧性。移动电话数量和医生数量能够保证在受到洪涝灾害时的社会稳定性，有利于社会韧性的提升。

3）环境韧性

区域的韧性部分得利于区域的环境状态，不同的环境状态导致受到洪涝灾害后不同的结果，因此对于环境韧性的考虑是必不可少的。本书选择降水量、年平均气温、土壤保持生态价值、NDVI、地形起伏度、河流长度作为指标来构建环境韧性（Keating et al.，2017）。

降水量作为洪涝灾害的重要引发因素，作为评价指标十分重要。土壤受到洪涝灾害影响最大，因此以土壤保持生态价值作为评价指标也值得考虑。NDVI 作为植被覆盖量的一个重要的指标，而植被对洪涝灾害具有一定的抵抗力，因此 NDVI 作为一个重要的评价指标也是很重要的。地形起伏度决定了当前洪水的流速，因此选择地形起伏度作为一种很重要的评价指标。而河流作为洪涝灾害的间接因素，所以选择河流长度作为一个重要的评价指标。

4）社区韧性

社区的韧性体现在各个硬件与软件方面，其中防灾设施是一个对韧性影响很重要的因素，因此选择防灾设施的数量作为一个很重要的评价指标体系。公共管理和社会组织人员对洪涝灾害的抵抗力起到重要的作用，因此选择公共管理和社会组织人员占比作为其中一个评价指标。由于低保家庭在洪涝灾害来临时受到影响最大，所以选择低保家庭占比作为一个评价指标。

5）基础设施韧性

学校数量是一个地区教育水平的体现，学校不仅承担教育的功能，在灾害来临的时候也可以充当避难所，同时道路的数量也影响洪涝灾害来临时的人群疏散问题，人均道路长度的增加有利于韧性的提升。互联网用户数量反映一个地区居民网络沟通能力，可作为基础韧性指标。

6）组织韧性

组织代表灾害来临时对群众的组织和管理能力，体现了对灾害的应急响应措施和对经济复原的能力，一般以保险形式体现。所以本书以失业保险覆盖率和医疗保险覆盖率作为指标，同时也选取党员数量作为一个指标。

根据以上原则，选取韧性评价指标如表 3.4 所示。

表 3.4 松花江流域洪水韧性指标体系

目标	一级指标	二级指标	符号
松花江流域洪水韧性	经济韧性	人均 GDP	C1
		第三产业占比	C2
		就业率	C3
		高层建筑占比	C4

续表

目标	一级指标	二级指标	符号
松花江流域洪水韧性	社会韧性	人口总数	C5
		14 岁以下人口比例	C6
		64 岁以上人口比例	C7
		人口密度	C8
		移动电话数量	C9
		医生数量	C10
	环境韧性	降水量	C11
		年平均气温	C12
		土壤保持生态价值	C13
		NDVI	C14
		地形起伏度	C15
		河流长度	C16
	社区韧性	防洪设施数量	C17
		公共管理和社会组织人员占比	C18
		低保家庭占比	C19
	基础设施韧性	学校数量	C20
		人均道路长度	C21
		互联网用户数量	C22
	组织韧性	失业保险覆盖率	C23
		医疗保险覆盖率	C24
		党员数量	C25

3.5　本 章 小 结

本章基于松花江流域各区域的自然、经济和社会基础设施条件等差异，在一定原则指导下进行流域脆弱性评估的指标选取，以期真实有效地反映区域脆弱性特性。采用定性与定量相结合方法筛选脆弱性影响因子，并基于 HOP 模型及 SRP 模型构建了流域生态脆弱性评价指标体系。

第 4 章　松花江流域洪涝灾害脆弱性评价

4.1　基于主成分分析法确定指标权重

在利用指标评估法构建多指标评估体系时，指标权重的分配是决定评价结果准确性的重要环节，权重能够反映各项指标、因素层及系统层对目标层的贡献程度，科学合理的权重分配方案能直接影响结果的真实性和评价结果的准确性，是指标评估法的关键环节（刘金花等，2022）。确定权重的方法多样，根据确定方法的核心思想不同可划分为主观赋权法和客观赋权法。综合考虑主、客观赋权法的优缺点后，本书选择主客观相结合的综合权重判定法进行权重的求解，具体步骤如下。

1）基于主成分分析法的客观权重确定

利用降维的思想，将众多原始数据变量进行线性组合成为少数几个彼此独立的综合变量来代替原来的指标，得到的主成分能够反映出原始变量的绝大部分信息且互不重叠，能更集中地突出研究对象的特征（杨俊、向华丽，2014）。但值得注意的是，本书选取主成分分析的方法并非用来提取更少的影响因子，而是利用主成分分析来确定各指标的具体权重（伊元荣等，2008）。

（1）基本原理：假设有 n 个研究单元，每个研究单元有 p 个指标变量，则构成一个 $n \times p$ 阶的松花江流域洪灾影响因素数据矩阵。

$$X = \begin{bmatrix} x_{11} & \cdots & x_{1p} \\ \vdots & & \vdots \\ x_{n1} & \cdots & x_{np} \end{bmatrix} \tag{4-1}$$

利用原始指标转化为少量几个新的综合指标，使得新指标为原始指标变量的线性组合，定义 x_1，x_2，…，x_p 为原始变量指标，p 为变量个数，F_1，F_2，…，F_m（$m \leqslant p$）为新的综合变量指标，m 为选定的主成分个数，则主成分分析的数学模型为（陈莉和任睿，2018）

$$\begin{cases} F_1 = l_{11}x_{11} + l_{12}x_{12} + \ldots + l_{1p}x_{1p} \\ F_2 = l_{21}x_{21} + l_{22}x_{22} + \ldots + l_{2p}x_{2p} \\ \cdots \\ F_m = l_{m1}x_{m1} + l_{m2}x_{m2} + \ldots + l_{mp}x_{mp} \end{cases} \tag{4-2}$$

（2）工作步骤：将原始数据按行排列构造矩阵 X，对 X 进行标准化变换，使其均值变为零，得到标准化矩阵 Z（刘光旭等，2021）；根据标准化矩阵 Z，求协方差矩阵 R（禹艺娜和王中美，2017）；

$$R = \left[r_{ij} \right]_p xp = \frac{Z^{\mathrm{T}} Z}{n-1} \tag{4-3}$$

其中，

$$r^{ij} = \frac{\sum zkj \times zkj}{n-1}, i, j, \cdots, p \tag{4-4}$$

求解变量协方差矩阵 R 的特征值。按 $\dfrac{\sum_{j=1}^{m} \lambda_j}{\sum_{j=1}^{p} \lambda_j} \geqslant 0.8$ 确定 m 值，使数据信息的利用率达 80%，对每个 λ_j（j=1，2，…，m），解方程组 $R_{\mathrm{b}}=\lambda_{jb}$ 得单位特征向量。将标准化后的指标变量进行主成分变换。

$$F_{ij} = Z_i^{\mathrm{T}} \times b_j^o, j = 1, 2, \cdots, m \tag{4-5}$$

F_1 称为第一主成分，F_2 称为第二主成分，……，F_p 称为第 p 主成分。对 m 个主成分进行加权求和，得到综合评价值，其中权重数代表每个主成分的方差贡献率（苏贤保等，2018）。

本书针对松花江流域洪灾脆弱性，基于主成分分析法进行因子分析，确定各个指标变量对松花江流域洪灾脆弱性的贡献率。本书中主成分分析结果通过 KMO 和 Bartlett 球形度检验（KMO=0.838>0.5），适合利用主成分分析确定权重（乔青等，2008）。

2）基于层次分析法（AHP）的主观权重确定

AHP 因其评价方法灵活、实现途径简单成为目前应用最广泛的主观权重确定方法。采用 AHP 确定指标的主观权重时，首先需要建立目标层和准则层之间的层次结构模型，结合相关数据资料和专家打分的方法构造出松花江流域洪灾脆弱性各层次相关因子之间的判断矩阵，然后求出各层次的层次单排序和层次总排序，再对各层次的判断矩阵进行一致性检验，当一致性指标 CI 和平均随机一致性指标 RI 的比值 CR 小于 0.1 时，则判断矩阵具有满意的一致性，最后通过和积法求出矩阵最大特征根及权重向量（时雯雯等，2021）。

3）综合权重的确定

综合权重由主成分分析法确定的客观权重和 AHP 确定的主观权重共同组成，计算方法为

$$w = \theta w_1 + (1-\theta) w_2 \tag{4-6}$$

式中，w 为综合权重；w_1 为 AHP 所得的主观权重；w_2 为主成分分析所得的客观权重，θ 为 AHP 在综合权重的权重，本书结合实际情况选定 θ=0.5。最终设计的指标体系及权重计算结果如表 4.1 所示。

表 4.1 松花江流域洪水脆弱性指标权重

目标层	系统层	权重	因素层	权重	指标层	权重
松花江流域洪水脆弱性	人口脆弱性	0.1055	人口压力指数	0.0449	人口密度	0.0449
			弱势群体指数	0.0252	女性人口比例	0.0074
					城市居民低保人口比例	0.0177
			弱势职业指数	0.0353	农业人口比例	0.0353
	经济脆弱性	0.1373	经济发展指数	0.1373	人均 GDP	0.0166
					区域路网密度	0.0711
					第三产业生产总值	0.0495
	社会结构脆弱性	0.4772	社会安全指数	0.0598	失业人口	0.0598
			社会保障指数	0.3944	医疗卫生机构数	0.2977
					防洪设施数	0.0967
			社会组织指数	0.0230	公共管理和社会组织人员	0.0230
	社会文化脆弱性	0.0822	社会文明指数	0.0822	学校数量	0.0434
					互联网用户覆盖率	0.0051
					移动电话覆盖率	0.0337
	环境脆弱性	0.1903	环境指数	0.1903	降水量	0.0828
					地形起伏度	0.0783
					河网密度	0.0074
					农田生态价值	0.0111
					归一化植被指数	0.0105

4.2　松花江流域洪灾脆弱性结果分析

4.2.1　时间分布特征

将所得脆弱性指标按照自然断点法分成五个等级，分别为生态良好区、轻度脆弱区、一般脆弱区、中度脆弱区和重度脆弱区（表 4.2 和图 4.1）。从整体上看，松花江流域乡村生态良好区及轻度脆弱区面积呈下降趋势，一般脆弱区面积较为稳定，而中度脆弱区及重度脆弱区面积则呈现出较高的增长趋势。2005～2020 年生态良好区面积总体呈下降趋势，约下降 8.27%，其中 2015 年占比最大，约占总

表 4.2　2005～2020 年各等级脆弱性占比　　单位：%

脆弱性分级	2005 年占比	2010 年占比	2015 年占比	2020 年占比
生态良好区	18.66	15.45	19.33	10.39
轻度脆弱区	31.04	27.67	35.55	19.65
一般脆弱区	24.88	29.56	26.76	24.96
中度脆弱区	17.14	17.33	11.69	28.79
重度脆弱区	8.28	10.00	6.68	16.21

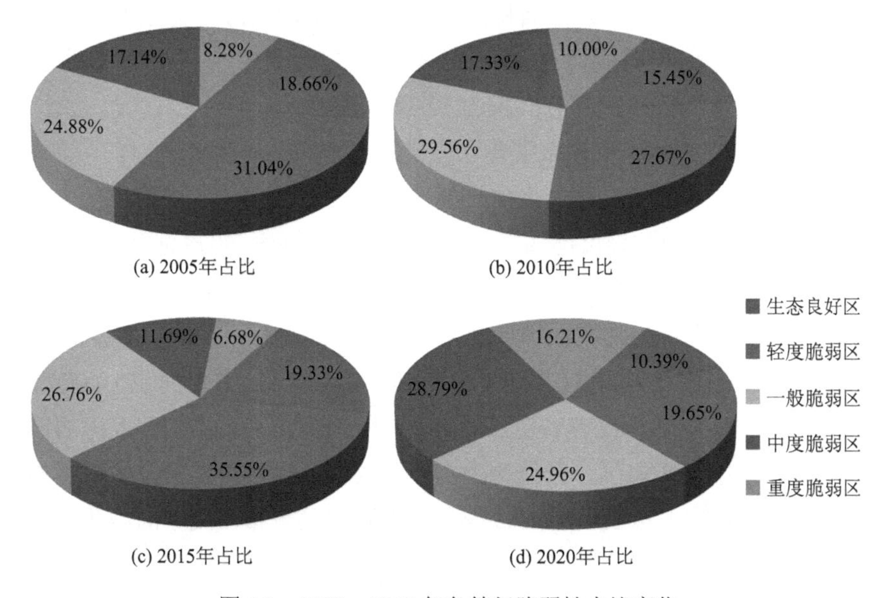

图 4.1　2005～2020 年各等级脆弱性占比变化

面积的 19.33%；轻度脆弱区总体面积呈下降趋势，约下降 11.39%，并在 2015 年达到占比最高值（35.55%），2005～2010 年呈现出 3.37%的小幅度下降，2010～2015 年上涨 7.88%，2015～2020 年则下降 15.90%；一般脆弱区的面积基本保持稳定，2005～2010 年期间小幅度增长 4.68%，达到近 15 年内占比最高值，而后逐渐降至先前占比；中度脆弱区总体面积呈增长趋势，约上升 11.65%，为五个分级中变化幅度最大的一级，2005～2010 年变化较为稳定，2010～2015 年呈小幅度下降趋势，约占总面积的 5.64%，而后在 2015～2020 年约上升 17.10%，此上涨幅度与之前的变化相比较为明显；重度脆弱区总体呈上升趋势，约增长 7.93%，其中 2005～2010 年小幅度增长 1.72%，而后在 2010～2015 年下降 3.32%，在 2015～2020 年增长 9.53%。

4.2.2 空间分布特征

整体来看大部分中度脆弱区和重度脆弱区皆分布在流域的东南部；生态良好区及轻度脆弱区则分布在流域的西北部地区；一般脆弱区的范围由中部地区逐渐向西南地区扩大（图 4.2）。

（1）2005 年松花江流域乡村脆弱性指标较好，流域的西部是生态良好区，约为总面积的 18.66%，其间散布着轻度脆弱区；分布面积最广的为轻度脆弱区，大部分在流域的中部地区，约为总面积的 31.04%，其间掺杂着一般脆弱区，约为总面积的 24.88%；流域的东南部为重度脆弱区，分布较为集中，约占总面积的 8.28%，中度脆弱区在其附近分布，约总面积的 17.14%。

（2）2010 年生态脆弱性分布主要以轻度脆弱区和一般脆弱区为主，总体趋势为一般脆弱区面积小幅度上涨。生态良好区逐渐向流域西北方向聚集，大约占总面积的 15.45%；流域内的轻度脆弱区主要散布在中部地区，约占总面积的 27.67%；分布在流域中部偏南的一般脆弱区面积占比最大，约为 29.56%；中度脆弱区分布较为零散，主要分布在流域东北部以及东南部地区，占总面积 17.33%；流域南部地区为面积最小的重度脆弱区，与 2005 年相比更为集中，占总面积 10.00%左右。

（3）2015 年脆弱性程度有着明显的好转，除南部较为集中的重度脆弱区及东南部零星分布的中度脆弱区，其他均为一般脆弱区及以下级别的分区。生态良好区面积有所回升，约占总面积的 19.33%；轻度脆弱区散布在流域的西北部和中部地区，面积较大，且增长较为明显，约占 35.55%；一般脆弱区广泛分布于流域的西北部、中西部，约占总面积 26.76%；重度脆弱区占总面积 6.68%；中度脆弱区占总面积的 11.69%。

（4）2020 年生态脆弱性地区明显增加，其中重度脆弱性及中度脆弱性增长较为明显。重度脆弱性从原来的集中分布于东南偏南地区逐渐向北部蔓延，占总面积的 16.21%，达到近 15 年内最高值；中度脆弱区分布在重度脆弱区周围，也有明显增加，约占总面积的 28.79%；一般脆弱区较为稳定，占总面积的 24.96%；轻度脆弱区及生态良好区面积均有所下降，其中轻度脆弱区面积下降较为明显，约占总面积的 19.65%，生态良好区面积也有所下降，占总面积的 10.39%。

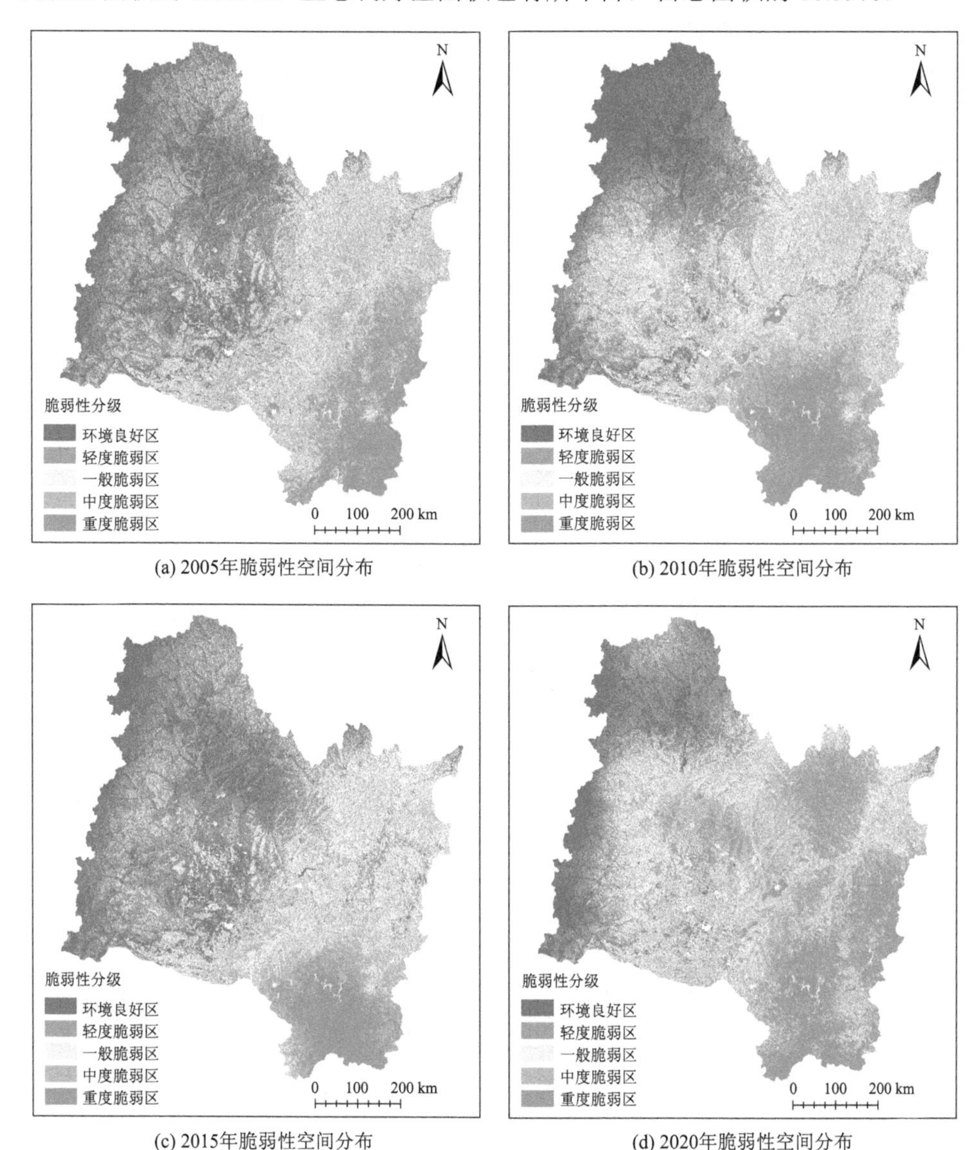

(a) 2005年脆弱性空间分布　(b) 2010年脆弱性空间分布

(c) 2015年脆弱性空间分布　(d) 2020年脆弱性空间分布

图 4.2　松花江流域脆弱性空间分布

4.3 松花江流域洪灾脆弱性空间格局分析

4.3.1 空间自相关方法概述

为进一步探究松花江流域洪灾脆弱性在空间分布上的特点，利用空间自相关的方法对松花江流域洪灾脆弱性评价结果进行分析。探究地理要素在空间分布上的关联和特点时，空间自相关分析具有评价结果简单明了，易于衡量比较并加以分析的优势，因此本书选取单变量空间自相关和双变量空间自相关作为评价模型。单变量空间自相关用来描述洪灾脆弱性以及各系统层脆弱性分布的特点，双变量空间自相关则用来直观探究洪灾脆弱性分别与各系统层之间的联系（丁丽可等，2022）。

1. 全局空间自相关

用于描述洪灾脆弱性在总体研究空间内是否存在相互影响以及相关程度（刘艳清等，2018），其计算公式为

$$\text{Moran's I} = \frac{m\sum_{i=1}^{m}\sum_{s=1}^{m} w_{is}\left|x_i - u_x\right|\left|x_s - u_x\right|}{\sum_{i=1}^{m}\sum_{s=1}^{m} w_{is}\sum_{i=1}^{m}\left(x_i - u_x\right)^2} \tag{4-7}$$

式中，Moran's I 为全局空间自相关指数值；m 为区域个数；x_i 和 x_s 分别为样本 i、s 的指数值；u_x 为样本指数平均值；w_{is} 为空间关系权重矩阵（李俊翰和高明秀，2019）。

Moran's I 取值范围在[–1，1]之间，0< Moran's I≤1 表示松花江流域的洪灾脆弱性等级呈现空间正相关，且数值越接近于 1，相关性越强；当 Moran's I 指数趋近于或等于 0 时，表明洪灾脆弱性空间自相关特征不存在；–1≤Moran's I<0 表示洪灾脆弱性呈现空间负相关，且数值越接近于–1，相关性越强（蔡进等，2018）。统计量 Z 可以检验 Moran's I 指数的显著性水平，即

$$Z = \frac{I - E(I)}{\sqrt{\mathrm{VAR}(I)}} \tag{4-8}$$

若 Z>0 且通过 Z 值显著性检验，表明生境质量等级呈显著正相关；若 Z<0 且通过显著性检验，表明生境质量等级负相关性显著；如果 Z 值没有通过显著性检验，说明模型运算结果相关性不显著，可以认定洪灾脆弱性在空间上的相关性不成立（程钰等，2019）。

2. 局部空间自相关

将松花江流域脆弱性全局空间自相关指数分解至各乡镇，以检验各局部地区洪灾脆弱性在空间上的关联模式和程度，直观地揭示松花江流域洪灾脆弱性的局部空间分异特征（吴娇等，2018）。

$$I_i = \left[\left(x_i - u_x\right) / S\right]\left[\sum_{s=1}^{N} w_{is} = \left(X_s - u_x\right)\right] \tag{4-9}$$

式中，如果 I_i 为正值，表明该区域乡村同为低脆弱性或高脆弱性；I_i 为负值，则表明该区域乡村属于低脆弱性和高脆弱性混合分布。

3. 双变量空间自相关

为了探究洪灾脆弱性和系统层脆弱性之间的空间相关特征，采用双变量空间分析模型，利用全局自相关系数 Moran's I 指数反映整体空间关联和差异状况（余中元等，2014）：

$$I_{sr} = \frac{n\sum_{i=1}^{n}\sum_{j=1}^{n} w_{ij}\left(\frac{y_{i,s} - \overline{y}_s}{\sigma_s}\right)\left(\frac{y_{i,r} - \overline{y}_s}{\sigma_r}\right)}{(n-1)\sum_{i=1}^{n}\sum_{j=1}^{n} w_{ij}} \tag{4-10}$$

式中，I_{sr} 为单位面积洪灾脆弱性 s 和系统层脆弱性 r 的双变量全局自相关系数；w_{ij} 为空间关系权重矩阵；$y_{i,s}$ 和 $y_{i,r}$ 为第 i 个评价小区单位面积洪灾脆弱性和系统层脆弱性（由于本书以乡镇为最小研究单元，所以 i 代表第 i 个乡镇）；σ_s 和 σ_r 为方差；$\overline{y}_s$ 为系统脆弱性的算术平均数。为了全面具体地反映研究区各部分之间的空间关联性，采用空间联系的局部指标（local indicators of spatial association，LISA）进行局部空间自相关分析，以表征局部地区的集聚和离散效应。依据空间分布关系划分为高高聚集（H-H）、高低聚集（H-L）、低高聚集（L-H）和低低聚集（L-L）4 个集聚类型区。另外为直观表现洪灾脆弱性和其他系统层脆弱性的相关程度，选择加入 p 值图进行分析，依据两种变量间的相关程度划分为 p=0.05 和 p=0.01 两种情况。

4.3.2　洪灾脆弱性单变量空间自相关分析

单变量空间自相关探究的内容是洪灾脆弱性以及各系统层脆弱性自身在研究区内的空间布局特点，可以利用单变量空间自相关识别高脆弱性和低脆弱性聚集区，有助于区域洪灾风险管理时进行分区治理。

1. 洪灾脆弱性全局空间自相关分析

为探究松花江流域洪灾脆弱性空间集聚态势，运用全局空间自相关模型，对松花江流域洪灾脆弱性的 Moran's I 指数进行计算，计算结果如图 4.3 所示，松花江流域洪灾脆弱性及人口、经济、社会结构、社会文化、环境脆弱性等级分布的 Moran's I 均通过显著性检验，p 值均小于 0.01 且 Moran's I 指数大于 0。说明洪灾

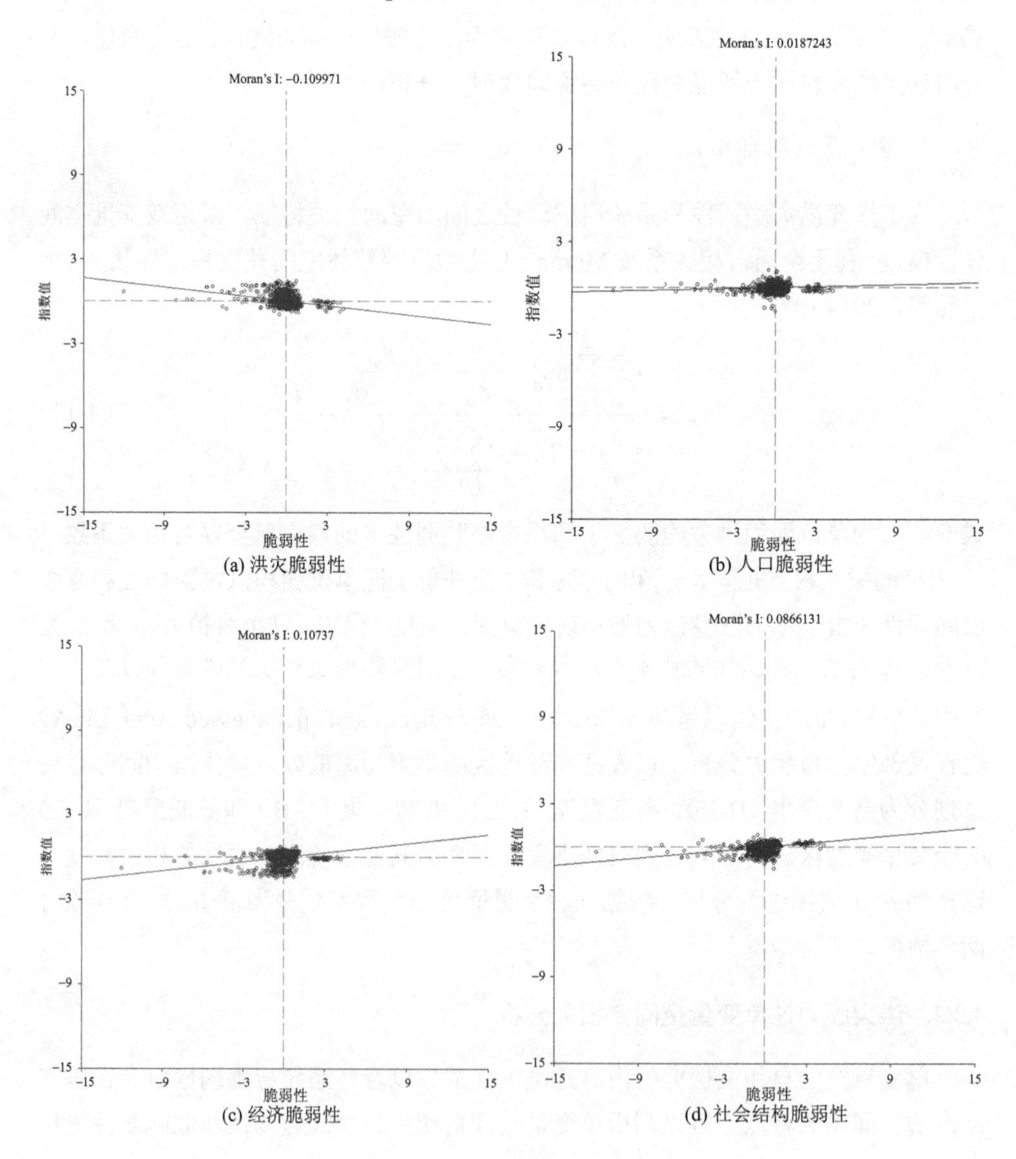

(a) 洪灾脆弱性　(b) 人口脆弱性

(c) 经济脆弱性　(d) 社会结构脆弱性

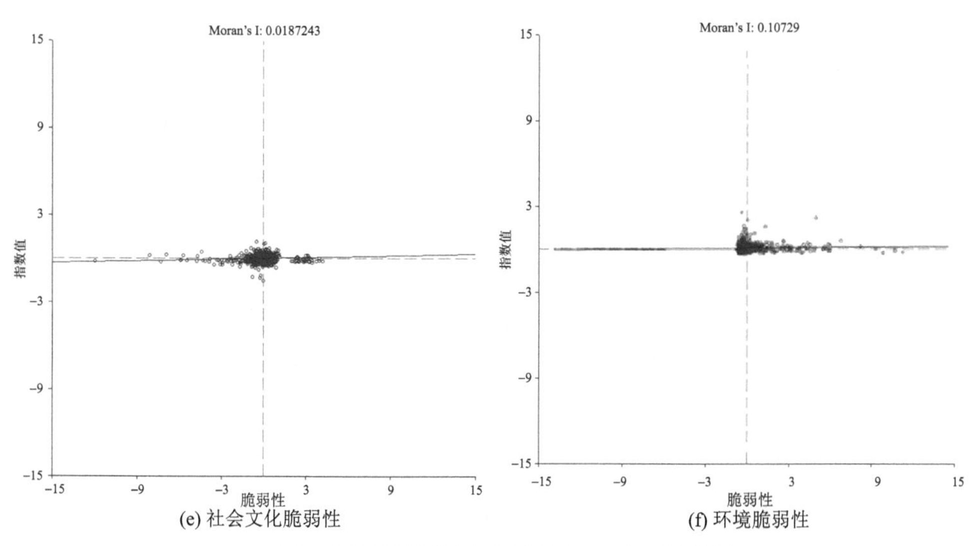

(e) 社会文化脆弱性　　(f) 环境脆弱性

图 4.3　松花江流域洪灾脆弱性 Moran's I 散点图

脆弱性及其影响因素的分布并非独立，而是呈正向的空间集聚效应。图中第一象限表示高高（HH）类型集聚区，说明相邻乡镇脆弱性等级均较高，空间上表现为高脆弱性地区出现的集聚效应。第二象限为低高（LH）类型集聚区，表现为周边乡镇区域脆弱性高于中心乡镇脆弱性；第三象限为低低（LL）类型集聚区，表示相邻乡镇均属于低脆弱性地区，空间关联表现为低脆弱性地区出现的集聚效应。第四象限为高低（HL）类型集聚区，表现为中心乡镇脆弱性高于周边乡镇地区。

环境脆弱性的全局 Moran's I 指数为 0.805，空间分布相关性最强，呈现出强烈的空间集聚效应；其他脆弱性影响因素均存在不同程度的正向相关性但全局 Moran's I 指数均位于 0.005～0.186 之间，说明各影响因素间的空间集聚效应差别不大。洪灾脆弱性的全局 Moran's I 指数为 0.225，说明松花江流域的洪灾脆弱性存在空间分布上的关联性，正值代表出现了空间集聚效应。从松花江流域洪灾脆弱性 Moran's I 散点图可以看出，除了部分地区存在特殊的高脆弱性聚集情况外，松花江流域的大部分区域脆弱性分布较为均衡，说明该地区的脆弱性状况较为稳定，但需要着重推进高脆弱性区域的建设和预防。从系统层脆弱性的 Moran's I 散点图分布态势可以发现，人口、经济、社会结构、社会文化脆弱性的分布较为均衡，而环境脆弱性的数值分布则存在强烈的集聚效应，这说明区域环境对区域的脆弱性影响是巨大的。然而当回到目标层的洪灾脆弱性分布时，可以发现松花江流域的洪灾脆弱性分布态势和环境脆弱性的分布态势并不相同，这也说明了相较于该区域的天然环境，人们已经对抵抗洪灾风险做出了正向努力并且成果显著。

2. 洪灾脆弱性局部空间自相关分析

全局 Moran's I 指数虽然能够从整体上分析松花江流域洪灾脆弱性等级的空间集聚与分散程度，但不能直观地表现研究区的脆弱性在空间上的关联模式和程度，而局部 Moran's I 指数却能较好地描述某一区域和相邻区域单元脆弱性等级的相似性程度，能够更直观地揭示松花江流域洪灾脆弱性等级的局部空间分异特征。

局部空间自相关分析结果如图 4.4 所示，高-高聚集区域表示相邻地区脆弱性等级均较高，空间上的关联表现为高脆弱性乡镇的集聚效应。低-低聚集区域表示

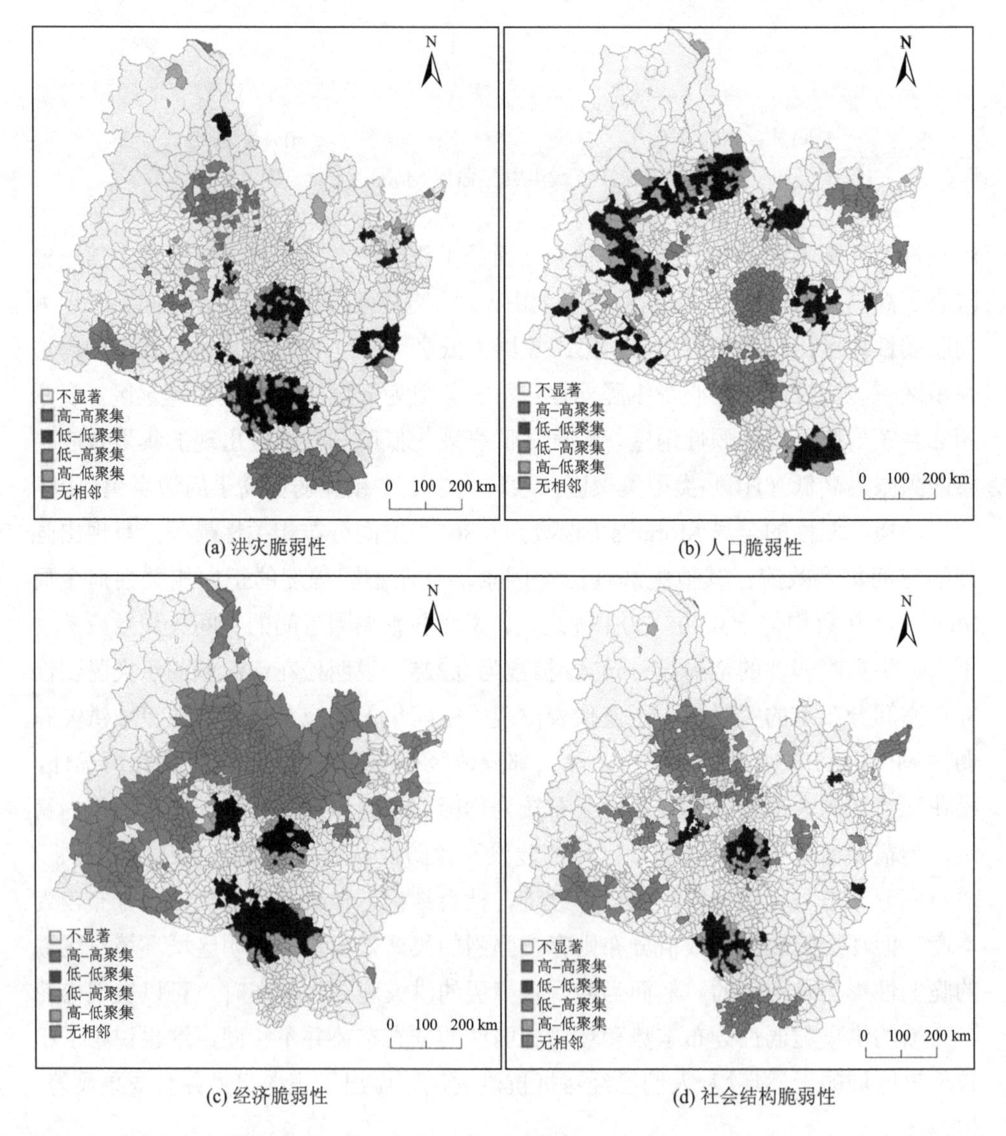

(a) 洪灾脆弱性　(b) 人口脆弱性　(c) 经济脆弱性　(d) 社会结构脆弱性

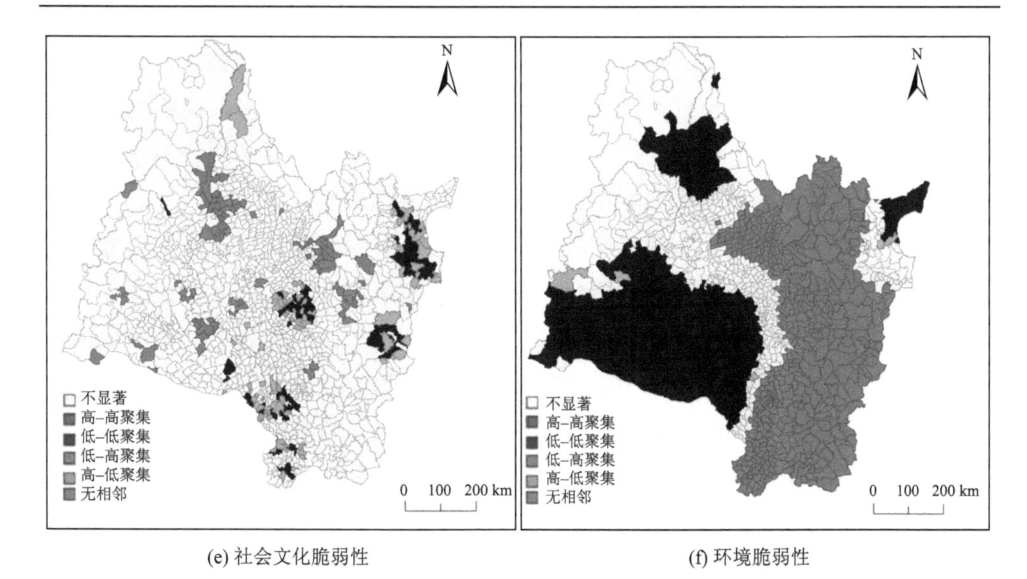

(e) 社会文化脆弱性　(f) 环境脆弱性

图 4.4　松花江流域环境脆弱性簇图

相邻区域脆弱性等级均不高，空间关联表现为低脆弱性乡镇的集聚效应，而高-低聚集和低-高聚集区域则表示高低值组合分布区。另外值得注意的是，由于脆弱性是一个负面的概念，所以高值聚集区代表实际意义上面临洪灾风险时可能遭受更大损失的地区，而低值聚集区则代表面临洪灾风险时能更好抵御风险的地区。

洪灾脆弱性的局部空间自相关 LISA 团簇图显示低脆弱性聚集区主要分布在长春、吉林及其周边乡镇地区，以及绥化、大庆、哈尔滨以及其周边乡镇地区，另外，牡丹江市及其周边乡镇地区也有小范围的低脆弱性集聚区。高脆弱性聚集区主要分布在松花江流域的最南端，通过地图和洪灾脆弱性评价结果的统计数据比对发现是以东岗镇、漫江镇、罗通山镇、安口镇和红石镇为中心的高脆弱性地带。还有少部分高脆弱性聚集区分布在西部，通过地图和洪灾脆弱性评价结果的统计数据比对发现是以团结镇、西日嘎苏木和坤都冷苏木为代表的乡镇聚集区(后两者均属于内蒙古自治区内脆弱性数值最高的前五名)。

人口脆弱性局部空间自相关 LISA 团簇图显示低脆弱性地区分布于松花江流域以兴隆川乡、兴隆乡、二道湾镇和上游镇为代表的西北部乡镇区，以及以松江乡、松江河镇、西岗乡为代表的南部地区。高脆弱性聚集区主要分布在长春、吉林及其周边乡镇地区，绥化、大庆、哈尔滨以及其周边乡镇地区，鹤岗、佳木斯及其周边乡镇地区。

经济脆弱性局部空间自相关 LISA 团簇图显示低脆弱性地区分布在整个松花

江流域的中部偏南地区，具体包括长春、吉林、松原及其周边乡镇地区，绥化、哈尔滨以及其周边乡镇地区，大庆、齐齐哈尔及其周边乡镇地区。高脆弱性聚集区分布面积广大，整个松花江流域北部大部分地区经济脆弱性情况均不乐观，进行地图比对发现该区域缺少大城市，是大面积的乡镇聚集区。

社会结构脆弱性局部空间自相关 LISA 团簇图显示低脆弱性地区主要分布在长春、吉林及其周边乡镇地区，绥化、大庆、哈尔滨以及其周边乡镇地区。高脆弱性地区分布在以兴隆川乡、兴隆乡、二道湾镇和上游镇为代表的西北部乡镇，以及以东岗镇、漫江镇、罗通山镇、安口镇和红石镇为中心的松花江流域最南端。

社会文化脆弱性局部空间自相关 LISA 团簇图显示松花江流域的社会文化脆弱性分布比较均衡，少部分低脆弱性聚集区分别分布在以吉林、牡丹江、佳木斯、哈尔滨为中心的城乡聚集区。

环境脆弱性局部空间自相关 LISA 团簇图显示松花江流域的环境脆弱性分布和降水分布极为相似，大体上呈现出从东到西脆弱性逐渐降低的趋势。

从局部自相关团簇图上可以发现城市与乡镇集中分布的地区出现了低脆弱性集聚区，如长吉及其周边的乡镇地区和以哈尔滨、大庆为中心的城乡聚集区，说明这些区域在洪灾发生时有更好的抵御洪灾风险的能力。另外，观察系统层局部空间自相关分布态势可以发现，和总体脆弱性分布最相近的是人口脆弱性和社会结构脆弱性。这说明人类社会和社会结构的存在可以很大程度地影响生活区域的脆弱性高低，防洪设施的建设、社会保障制度的健全和政府机构的重视都能够极大程度降低区域洪灾脆弱性。

4.3.3　洪灾脆弱性双变量空间自相关分析

双变量空间自相关分析的表述重点在于分析各系统层脆弱性对洪灾脆弱性的影响程度，表 4.3 记录的是洪灾脆弱性与五个系统层分别进行双变量空间自相关分析得出的 Moran’s I 指数。其中洪灾脆弱性与人口脆弱性的 Moran’s I 指数为 –0.110 说明，洪灾脆弱性与人口脆弱性呈负相关。洪灾脆弱性与其他系统层的脆弱性 Moran’s I 指数均为正值，说明其他系统层脆弱性越大洪灾脆弱性越大。双变量空间自相关主要用来帮助理解系统层对洪灾脆弱性的影响方向，双变量局部自相关 LISA 团簇图可以直观观察这种影响的具体地点，局部自相关 LISA 重要图则可以表述两个变量间的相关性置信水平（图 4.4）。

表 4.3　双变量空间自相关分析 Moran's I 指数

指数	洪灾-人口	洪灾-经济	洪灾-社会结构	洪灾-社会文化	洪灾-自然环境
Moran's I	–0.110	0.107	0.087	0.019	0.107

1. 洪灾脆弱性与人口脆弱性

局部空间自相关 LISA 分析结果如图 4.5 所示，分为高洪灾脆弱性-高人口脆弱性（HH）、高洪灾脆弱性-低人口脆弱性（HL）、低洪灾脆弱性-高人口脆弱性（LH）、低洪灾脆弱性-低人口脆弱性（LL）和不显著（NS）5 种模式。

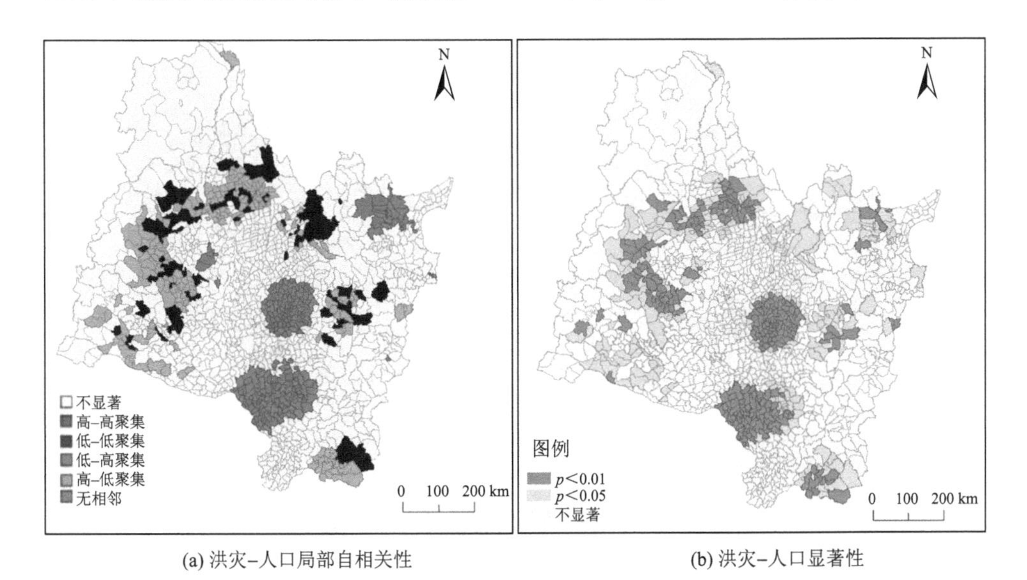

(a) 洪灾–人口局部自相关性　　(b) 洪灾–人口显著性

图 4.5　洪灾-人口局部空间自相关结果图

高洪灾脆弱性-高人口脆弱性（HH）呈现出以城市为中心的零散分布态势，主要分布在齐齐哈尔、鹤岗、绥化、哈尔滨、长春和吉林地区。高洪灾脆弱性-低人口脆弱性（HL）主要分布在松花江流域西北部大面积的乡镇聚集区。低洪灾脆弱性-高人口脆弱性（LH）区域主要分布在松花江流域中南部的长春、吉林及其周边乡村地区；绥化、大庆、哈尔滨以及其周边乡村地区。低洪灾脆弱性-低人口脆弱性（LL）在松花江流域西北部大面积的乡村聚集区，以及松花江流域南部的二道白河镇、露水河镇和泉阳镇有零散出现。这些出现关联的地区以乡镇为单元计算，置信水平在 95%以上的地区占 36%，置信水平在 99%以上的地区占总研究区约 20%。

2. 洪灾脆弱性与经济脆弱性

洪灾脆弱性与经济脆弱性的双变量局部空间自相关 LISA 分析结果如图 4.6 所示，分为高洪灾脆弱性-高经济脆弱性（HH）、高洪灾脆弱性-低经济脆弱性（HL）、低洪灾脆弱性-高经济脆弱性（LH）、低洪灾脆弱性-低经济脆弱性（LL）和不显著（NS）5 种模式。

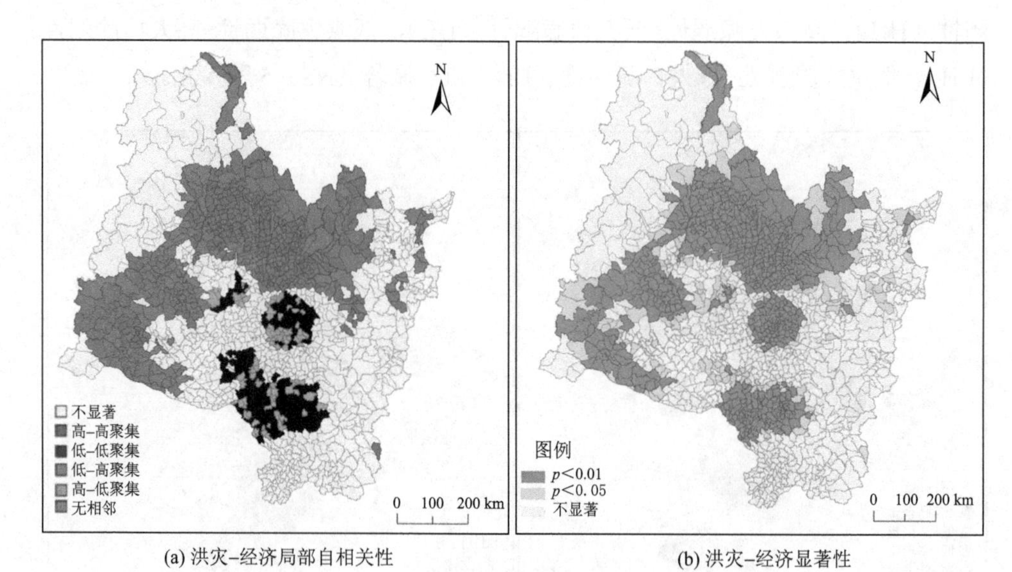

(a) 洪灾-经济局部自相关性　(b) 洪灾-经济显著性

图 4.6　洪灾-经济局部空间自相关结果图

高洪灾脆弱性-高经济脆弱性（HH）和低洪灾脆弱性-高经济脆弱性（LH）区域相间分布在缺少大城市的西部及北部乡村聚集区，高洪灾脆弱性-低经济脆弱性（HL）和低洪灾脆弱性-低经济脆弱性（LL）区域集中分布在松花江流域中南部的长春、吉林、松原及其周边乡村地区和绥化、大庆、哈尔滨以及其周边乡村地区。以上关联的地区以乡镇为单元计算，置信水平在 95%以上的地区占 53%，置信水平在 99%以上的地区占总研究区约 43.5%。

3. 洪灾脆弱性与社会结构脆弱性

洪灾脆弱性与社会结构脆弱性的双变量局部空间自相关 LISA 分析结果如图 4.7 所示，分为高洪灾脆弱性-高社会结构脆弱性（HH）、高洪灾脆弱性-低社会结构脆弱性（HL）、低洪灾脆弱性-高社会结构脆弱性（LH）、低洪灾脆弱性-低社会结构脆弱性（LL）和不显著（NS）5 种模式。

高洪灾脆弱性-高社会结构脆弱性（HH）和低洪灾脆弱性-高社会结构脆弱性（LH）相伴分布在松花江流域西北地区，还有少部分分布在研究区最东端。高洪灾脆弱性-低社会结构脆弱性（HL）和低洪灾脆弱性-低社会结构脆弱性（LL）区域相伴分布在松花江流域中南部的长春、吉林及其周边乡村地区，绥化、大庆、哈尔滨及其周边乡村地区，齐齐哈尔及其周边乡村地区，且主要以低洪灾脆弱性-低社会结构脆弱性（LL）区域为主。这些出现关联的地区以乡村为单元计算，置信水平在 95%以上的地区占 35.5%，置信水平在 99%以上的地区占总研究区约 17.7%。

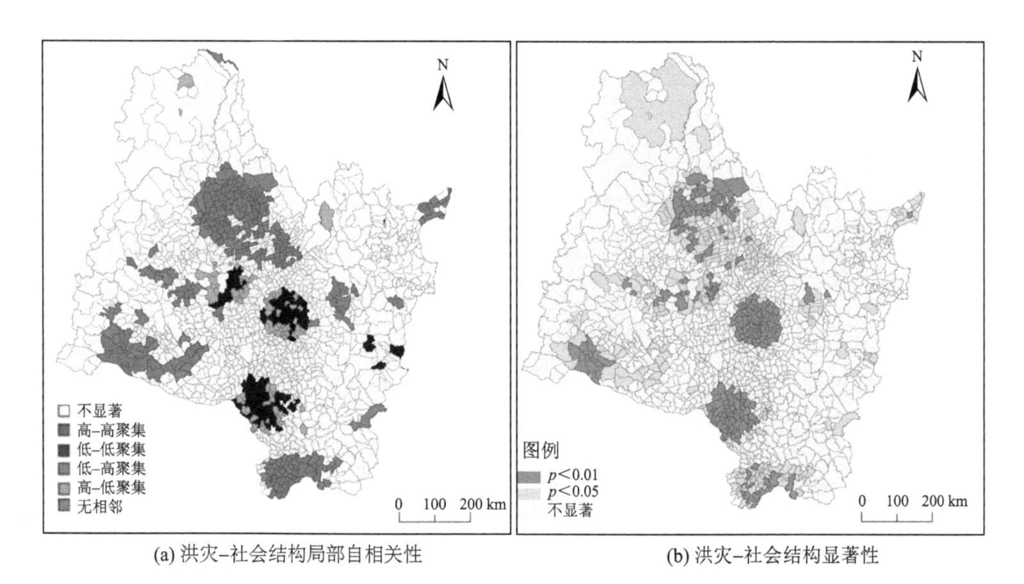

(a) 洪灾-社会结构局部自相关性　(b) 洪灾-社会结构显著性

图 4.7　洪灾-社会结构局部空间自相关结果图

4. 洪灾脆弱性与社会文化脆弱性

洪灾脆弱性与社会文化脆弱性的双变量局部空间自相关 LISA 分析结果如图 4.8 所示，分为高洪灾脆弱性-高社会文化脆弱性（HH）、高洪灾脆弱性-低社会文化脆弱性（HL）、低洪灾脆弱性-高社会文化脆弱性（LH）、低洪灾脆弱性-低社会文化脆弱性（LL）和不显著（NS）5 种模式。

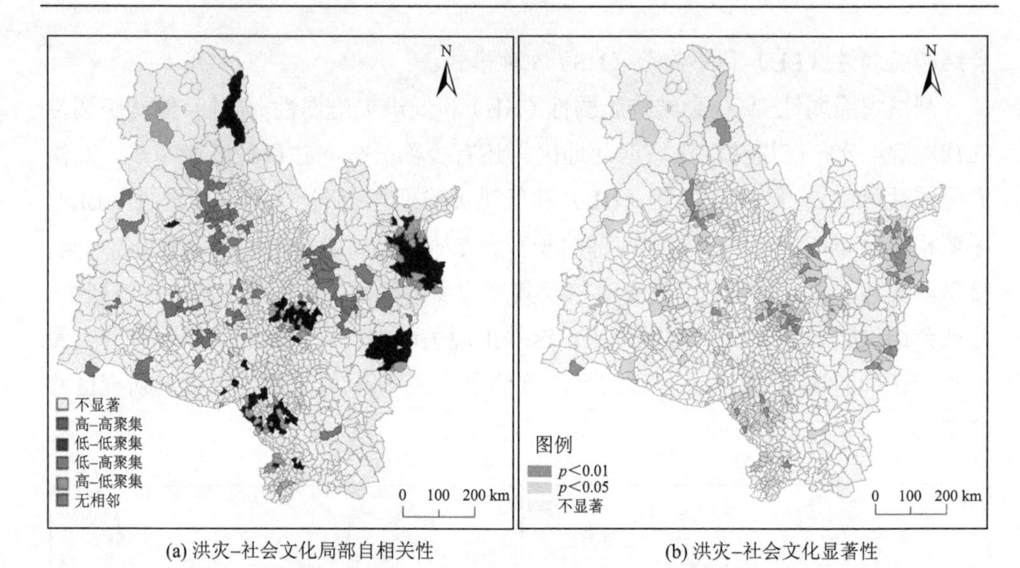

(a) 洪灾–社会文化局部自相关性　　(b) 洪灾–社会文化显著性

图 4.8　洪灾–社会文化局部空间自相关结果图

洪灾脆弱性与社会文化脆弱性的相关分布聚集区相比前几种系统层脆弱性分布较少，其中，高洪灾脆弱性–高社会文化脆弱性（HH）和低洪灾脆弱性–高社会文化脆弱性（LH）、高洪灾脆弱性–低社会文化脆弱性（HL）和低洪灾脆弱性–低社会文化脆弱性（LL）聚集区均呈现出相伴分布的状态。高洪灾脆弱性–高社会文化脆弱性（HH）和低洪灾脆弱性–高社会文化脆弱性（LH）聚集区主要分布于乡镇，高洪灾脆弱性–低社会文化脆弱性（HL）和低洪灾脆弱性–低社会文化脆弱性（LL）聚集区主要分布在城市及其周边地区。这些出现关联的地区以乡镇为单元计算，置信水平在 95%以上的地区占 18.4%，置信水平在 99%以上的地区仅占总研究区约 3.4%。

5. *洪灾脆弱性与环境脆弱性*

洪灾脆弱性与环境脆弱性的双变量局部空间自相关 LISA 分析结果如图 4.9 所示，分为高洪灾脆弱性–高环境脆弱性（HH）、高洪灾脆弱性–低环境脆弱性（HL）、低洪灾脆弱性–高环境脆弱性（LH）、低洪灾脆弱性–低环境脆弱性（LL）和不显著（NS）5 种模式。

洪灾脆弱性与环境脆弱性的相关性区域面积广大，高洪灾脆弱性–高环境脆弱性（HH）和低洪灾脆弱性–高环境脆弱性（LH）聚集区集中分布在松花江流域东南部，少部分分布在最东端。高洪灾脆弱性–低环境脆弱性（HL）和低洪灾脆弱性-低环境脆弱性（LL）聚集区则集中分布在研究区西南部和西北部。这些出现关联的地区以乡镇为单元计算，置信水平在 95%以上的地区占 69.8%，置信水平在 99%以上的地区占总研究区约 58%。

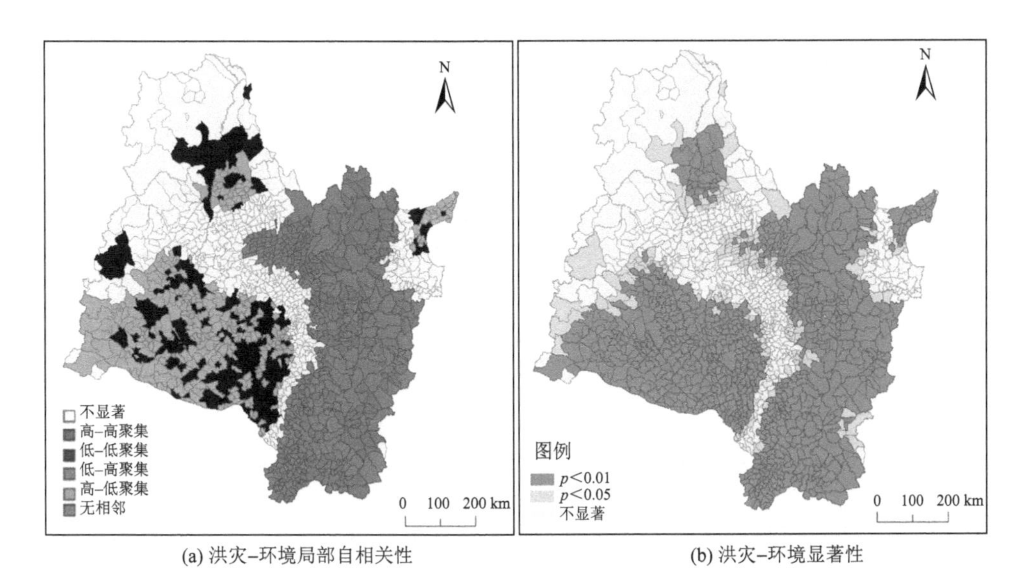

(a) 洪灾-环境局部自相关性　　(b) 洪灾-环境显著性

图 4.9　洪灾-环境局部空间自相关结果图

4.4　基于突变理论的松花江流域洪灾社会脆弱性分析

4.4.1　指标体系构建

依据灾害位置模型理论可知，决定洪灾发生位置的因素可分为孕育环境、承灾体以及承灾体的抗灾能力，承灾体位置的差异也会导致受灾与抵抗能力不同，因此洪灾社会脆弱性评价指标各不相同（商彦蕊，2013）。各因素之间彼此联系、彼此制约。本书以灾害位置模型理论与应急管理周期理论为理论基础（游温娇和张永领，2013），选择松花江流域作为洪灾社会脆弱性评价的研究区，综合考虑暴露性、敏感性、防灾减灾三方面、模型的适用性以及数据的可获取性，最终选取十个指标构建洪灾社会脆弱性评价体系（表 4.4）。

表 4.4　松花江流域洪灾社会脆弱性评价指标体系

目标层	准则层	指标层	指标性质
洪灾社会脆弱性（A_1）	人口（B_1）	总人口（C_1）	+
		女性人口比例（C_2）	+
		自然增长率（C_3）	+
	经济（B_2）	各县市生产总值（C_4）	–
		第一产业产值（C_5）	–
		第二产业产值（C_6）	–
	防灾避险（B_3）	人均拥有道路面积（C_7）	–
		在校学生数（C_8）	–
		医院床位数（C_9）	–
		执业医师数（C_{10}）	–

注：+表示对洪灾社会脆弱性的增加，潜在损失；–表示对洪灾社会脆弱性的减弱，适应能力（李想等，2005）。

4.4.2　评价指标无量纲处理

由于各指标的量级不同，首先把数据归类为正向指标和负向指标两种，再依次进行对应的标准化处理，其公式分别为

正向指标

$$P_{ij} = \frac{X_{\mathrm{ij}} - X_{\min}}{X_{\max} - X_{\min}} \tag{4-11}$$

负向指标

$$P_{ij} = \frac{X_{\max} - X_{\mathrm{ij}}}{X_{\max} - X_{\min}} \tag{4-12}$$

式中，P_{ij} 为归一化后的数据；X_{ij}、$X_{\min}$、$X_{\max}$ 分别为各指标的原始数据、最小值以及最大值。

4.4.3　突变理论与归一化公式

脆弱性的评价需要借助数学工具，目前常用的方法有集对分析法（刘凯等，2016）、层次分析法（吴春生等，2018）、主成分分析法、灰色关联法（郭婧等，2019）、熵权法（刘轩等，2022）等，应用数学方法来评估社会脆弱性，可以相对减小评价的主观性和随意性，但也有一定的局限性。本书依据指标特点和数据特征选择能够表现系统特性的数学方法，将突变理论应用于脆弱性的评价中，采用突变级数法对松花江流域的脆弱性加以评估（高玉琴等，2018）。

突变理论于 20 世纪 60 年代提出（闻熠等，2022），突变级数法是将评价目标分解成多个层次，构建突变模糊隶属函数，最后根据归一化公式进行量化计算得出参数，即求出总的隶属函数，从而对评价目标进行排序分析的一种综合评价方法。突变理论的势函数包括两类变量，即状态变量和控制变量，常见的模型有四种，分别为折叠模型、尖点模型、燕尾模型、蝴蝶模型（表 4.5）。

表 4.5　状态变量的突变模型

突变模型	变量数	归一化公式
折叠模型	1	$X_1 = a^{1/2}$
尖点模型	2	$X_1 = a^{1/2}, X_2 = b^{1/3}$
燕尾模型	3	$X_1 = a^{1/2}, X_2 = b^{1/3}, X_3 = c^{1/4}$
蝴蝶模型	4	$X_1 = a^{1/2}, X_2 = b^{1/3}, X_3 = c^{1/4},\ X_4 = d^{1/5}$

利用已建立好的层次结构模型，根据控制变量个数选取突变模型，首先对指标进行标准化处理，再选择其对应的归一化公式（史恭龙等，2021），由最底层依次逐层向上层计算得出总突变级数。在计算过程中要遵循两条原则，当控制变量间作用无法弥补时，遵循“大中取小”原则，当各控制变量间作用可相互弥补时，按“平均值”的原则取值（徐兴良和于贵瑞，2022）。

4.4.4　结果分析

由表 4.5 可知，C_1、C_2、C_3 构成燕尾突变，以长春市为例，X_{C_1}=(0.783)$^{1/2}$= 0.885，X_{C_2}=(0.709)$^{1/3}$= 0.892，X_{C_3}=(0.954)$^{1/4}$= 0.988，由于各控制变量可以相互弥补，故按互补原则取平均值，得到 B_1=($X_{C_1}+X_{C_2}+X_{C_3}$)/3= 0.922。C_4、C_5、C_6 构成燕尾突变，C_7、C_8、C_9、C_{10} 构成蝴蝶突变，同理计算出 B_2= 0.245、B_3=0.704，最后根据底层评价指标计算上层指标评价值，由于底层各指标间是互补的，求取平均值即为综合评价值 0.623,根据上述计算方法，求得松花江流域 28 个地级、县级行政区的洪灾脆弱性评价指标值（表 4.6）。

表 4.6　松花江流域 28 个地级、县级行政区洪灾社会脆弱性评价结果

市（州、盟、地区）	人口脆弱性	经济脆弱性	防灾脆弱性	综合脆弱性	排名
长春市	0.922	0.245	0.704	0.623	27
吉林市	0.830	0.921	0.884	0.878	6

续表

市（州、盟、地区）	人口脆弱性	经济脆弱性	防灾脆弱性	综合脆弱性	排名
四平市	0.772	0.926	0.919	0.872	12
辽源市	0.659	0.989	0.969	0.872	11
通化市	0.723	0.970	0.957	0.883	4
白山市	0.677	0.983	0.967	0.876	8
松原市	0.785	0.942	0.912	0.880	5
白城市	0.714	0.968	0.930	0.871	14
延边朝鲜族自治州	0.782	0.974	0.939	0.898	1
呼伦贝尔市	0.675	0.908	0.708	0.764	25
兴安盟	0.662	0.960	0.897	0.840	19
通辽市	0.763	0.904	0.809	0.825	23
锡林郭勒盟	0.411	0.957	0.815	0.728	26
哈尔滨市	0.959	0.366	0.204	0.510	28
齐齐哈尔市	0.822	0.877	0.885	0.862	18
鸡西市	0.715	0.949	0.952	0.872	13
鹤岗市	0.705	0.979	0.972	0.885	3
双鸭山市	0.384	0.954	0.959	0.766	24
大庆市	0.808	0.849	0.819	0.826	22
伊春市	0.704	0.980	0.942	0.875	9
佳木斯市	0.754	0.897	0.935	0.862	17
七台河市	0.633	0.997	0.968	0.866	15
牡丹江市	0.773	0.943	0.908	0.875	10
黑河市	0.706	0.932	0.952	0.863	16
绥化市	0.766	0.795	0.924	0.828	21
大兴安岭地区	0.535	0.996	0.986	0.839	20
抚顺市	0.766	0.968	0.950	0.894	2
铁岭市	0.752	0.950	0.929	0.877	7

1. 人口脆弱性分布

人口脆弱性总体呈现西北部较高、中部较低的趋势（图 4.10），其中长春市和哈尔滨市为人口脆弱性指数最高的区域，最低的区域为大兴安岭市和双鸭山市，人口脆弱性主要受女性人口比例及自然增长率的影响，长春市和哈尔滨市分别为吉林省和黑龙江省的省会，自然增长率较大，人口老龄化严重，老人在应急避险过程中缺乏充足的体力支持，需要青壮年的协助和交通工具的运输下才能完成避险，过多的老龄人口、空巢老人容易暴露地区的洪灾脆弱性。总的来说，人口脆弱性较高的区域，人口老龄化较严重、女性人口比例较高等原因共同制约了地区的防洪能力。

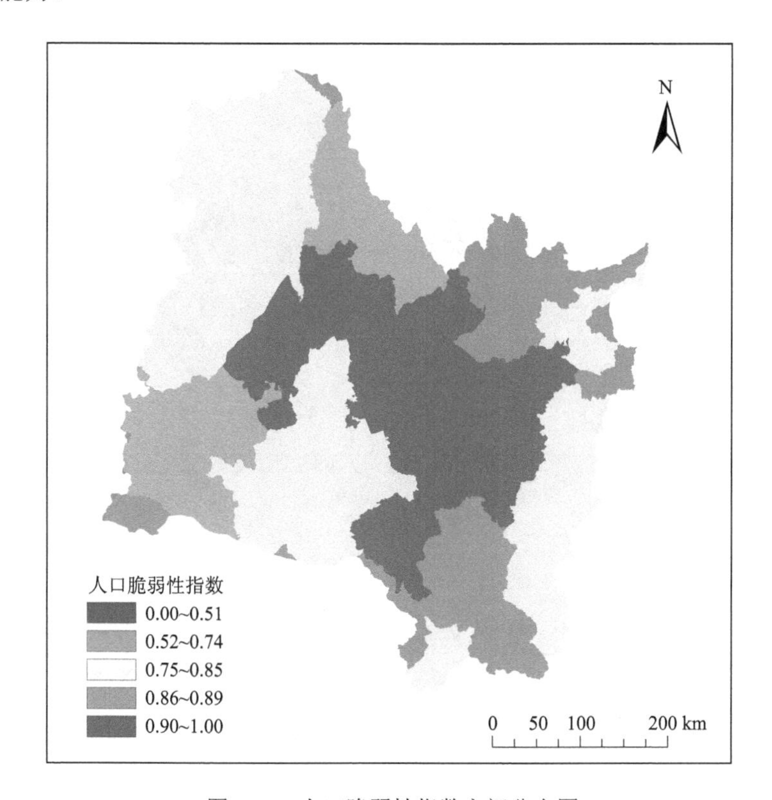

图4.10　人口脆弱性指数空间分布图

双鸭山市人口脆弱性最低，脆弱性指数为0.902，女性人口比例较低，自然增长率为–10.69，在所有地区中最低，这将导致城市青少年比例较小，随着生活水平不断提高，城市的负担不断减轻，有利于环境、经济的进一步发展，且在众多外来务工人员中以男性居多，男性常住人口在一半以上，因此双鸭山市为人口脆弱性最低的地区。

2. 经济脆弱性分布

松花江流域经济脆弱性整体呈现四周较高、中部较低的趋势（图4.11），经济脆弱性最高的区域为七台河市、伊春市、白山市、辽源市，其脆弱性指数均高于 0.98。七台河市为经济脆弱性最高的城市，该地区生产总值仅为 231.3 万元，农、林、牧、渔业生产总值仅为 66.6 万元，都为研究区内最低，这是导致经济脆弱性最高的主要原因，另外，经济发展较为缓慢也是导致经济脆弱性较高的重要因素。

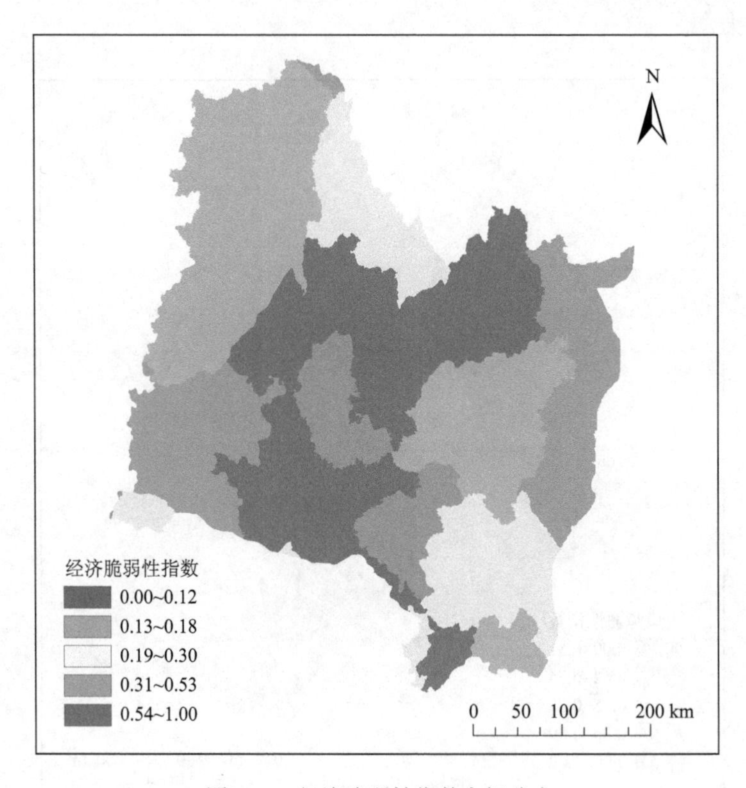

图 4.11　经济脆弱性指数空间分布

经济脆弱性较低的区域为长春市、哈尔滨市、大庆市、绥化市，其中长春市、哈尔滨市分别为所在省份的省会城市，经济发展迅速，国民经济生产总值、第一产业、第二产业、第三产业经济都名列前茅，人民的生活水平普遍较高。长春市经济脆弱性最低，仅为 0.245，这与该市生产总值位于研究区内最高（5904.138 万元）有直接的关联。

3. 防灾脆弱性

研究区内防灾脆弱性整体呈现东部地区较高、西部地区较低的趋势(图 4.12)，防灾避险主要受交通、医疗机构数、教育、卫生技术人员等因素影响。哈尔滨市、长春市、呼伦贝尔市防灾脆弱性最低，哈尔滨市防灾脆弱性指数最低，仅为 0.204，在校学生数 403149 人，学生综合素质、教育条件和师资力量与其他地区相比都较高，在所有地区中处于领先地位；医院床位数 78888 个、执业医师有 27972 名，丰富的医疗资源、良好的互联网条件、发达的通信水平等因素共同增强了地区的防洪能力。防灾脆弱性较高的是大兴安岭市和鹤岗市，脆弱性指数高于 0.97。大兴安岭市医疗床位数和执业医师人数仅有 2000 多，远低于研究区内的平均水平，医疗条件的落后影响该地区的防灾脆弱性。

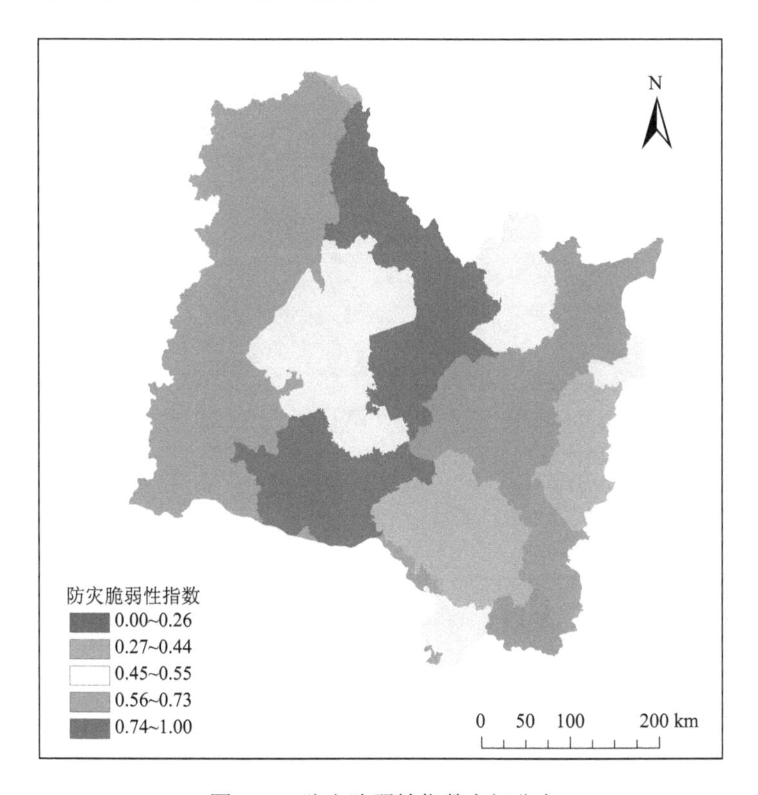

图 4.12　防灾脆弱性指数空间分布

4. 松花江流域社会脆弱性空间分布特征

研究区内综合脆弱性呈现东南和东北方向脆弱性总体较高、中部和西北部较低的趋势（图 4.13），其中微度脆弱性占整体的 1/16，主要分布在省会城市附近，省会城市在医疗、经济、交通等方面都居于前列，经济发展水平增长速度也逐渐加快，促使其成为研究区内整体社会脆弱性最低的城市；重度脆弱性占研究区内整体的1/7，分别为鹤岗市、通化市、抚顺市以及延边朝鲜族自治州，这些地区都有共同的特点——人口脆弱性排名均在中下水平，而经济脆弱性和防灾脆弱性排名都在中上水平，体现出城市的复杂性共同制约着城市的综合脆弱性水平。

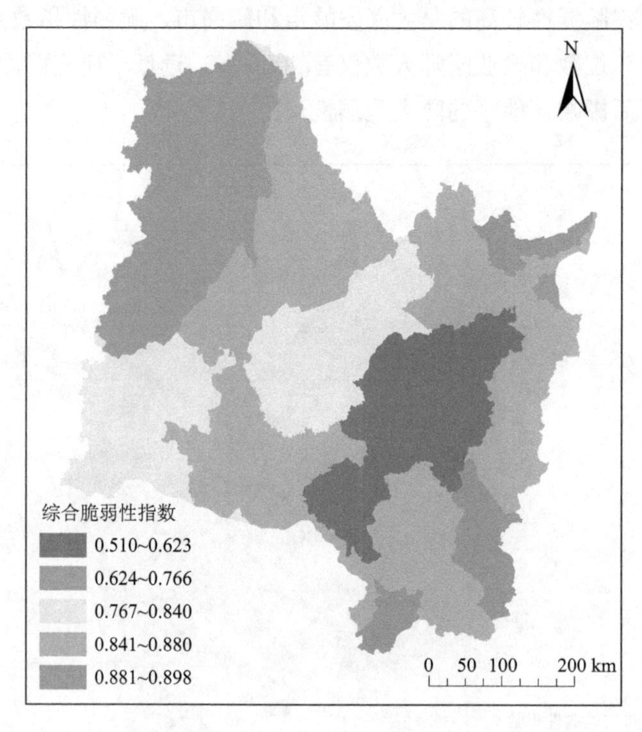

图 4.13 综合脆弱性指数空间分布

4.5 本 章 小 结

总结前文双变量空间局部自相关团簇图可以发现，高-高模式和低-高模式、高-低模式和低-低模式总是分别相伴分布，洪灾脆弱性与系统层脆弱性的相关程度基本由系统层的自相关程度决定，即系统层脆弱性的自相关程度越大，其与洪灾脆弱性的相关程度越大。但这并不意味着洪灾脆弱性由系统层脆弱性自相关程度最大的因素决定，例如在系统层中，环境脆弱性的自相关程度最大，其与洪灾脆弱性的自相关程度也最大，但因为在指标体系构建中，环境脆弱性的权重仅有0.19，所以最终的洪灾脆弱性结果与环境脆弱性的分布图并不相似。

综上所述，洪灾脆弱性与人口和社会结构脆弱性的分布最相似，一方面说明社会群体在影响松花江流域洪灾脆弱性上已经做出了正向的努力；另一方面也可以说明脆弱性的最终受众是人，因为有人的存在，脆弱性的研究才有意义，所以想要降低区域脆弱性，人口结构、社会结构和人口素质的改善都显得至关重要。

第 5 章　松花江流域生态脆弱性评价

5.1　松花江流域生态脆弱性评价方法

5.1.1　评价指标权重确定

指标权重的确定通常有主观和客观两种方法，对每个指标进行度量，代表不同指标的重要程度（张渊，2020）。为保证权重的合理性，采用层次分析法并结合专家打分法进行微调来确定权重。根据 SRP 模型对松花江流域生态脆弱性指标体系进行细分（常溢华和蔡海生，2022），各指标权重最后结果如表 5.1 所示。

表 5.1　基于 SRP 模型的松花江流域生态脆弱性评价体系指标权重

目标层	权重	准则层	权重	指标层	权重
压力度	0.3131	人口压力	0.3640	人口密度	1
		社会压力	0.6360	人均 GDP	1
敏感性	0.2275	地形因子	0.2923	高程	0.4000
				坡度	0.3000
				坡向	0.3000
		地表因子	0.4201	植被覆盖度	1
		气象因子	0.2876	年均降水量	0.5000
				年均气温	0.5000
恢复力	0.4594	景观结构	0.3333	景观多样性	1
		功能	0.3333	居民点干扰	1
		活力	0.3333	生物丰度	1

5.1.2　生态脆弱性指数计算方法

生态脆弱性指数 EVI（ecological vulnerable index）的计算公式见式（5-1），根据每个指标和其对应的权重可计算出生态脆弱性指数。

$$\mathrm{EVI}=\sum_{i=1}^{n}P_i\times W_i \tag{5-1}$$

式中，EVI 为生态脆弱性指数；P_i 代表第 i 个指标标准化后的值；W_i 代表各指标的权重。

5.1.3　生态脆弱性分级方法

根据上述计算得到的松花江流域生态脆弱性指数，基于 ArcGIS 自然断点法对 2005～2020 年松花江流域生态脆弱性进行分级，将松花江流域生态脆弱性划分为五个等级，分别为微度脆弱区、轻度脆弱区、中度脆弱区、重度脆弱区和极度脆弱区（齐姗姗等，2017），具体分级标准如表 5.2 所示。

表 5.2　生态脆弱性等级划分

生态脆弱性等级	EVI	等级特征
微度脆弱区	＜0.29	生态脆弱性低，生态系统自我恢复能力强，不易受到破坏，生态环境良好
轻度脆弱区	0.29～0.35	生态脆弱性较低，生态系统承受压力相对较小，有一定的潜在威胁，生态环境较好
中度脆弱区	0.35～0.40	生态系统承受压力接近临界值，生态系统有基本恢复能力，容易产生相应的生态问题，加以治理可以恢复到以前的状态
重度脆弱区	0.40～0.46	生态系统承受较大压力，生态系统自我恢复能力较弱，容易受到破坏
极度脆弱区	＞0.46	生态系统敏感性高，自我恢复能力弱，生态脆弱性高，生态环境差，会对人类生产生活产生一定影响

5.2　基于 SRP 模型的松花江流域生态脆弱性时空分析

5.2.1　松花江流域生态脆弱性时空分异

2005～2020 年松花江流域生态脆弱性分级结果如图 5.1 所示。

从 2005～2020 年的松花江流域脆弱性分级图可以看出，2005 年松花江流域微度脆弱区大部分在东部，少部分位于西部锡林郭勒盟和北部的黑河市、绥化市以及鹤岗市，极少量零星分布于松花江流域中部；轻度脆弱区主要集中在松花江流域西北部的呼伦贝尔市和流域东南部地区，其中中部的大庆市也有少量分布；中度脆弱区广泛分布于松花江流域，其中以中部地区伊春市、绥化市、松原市、哈尔滨市和白城市为主；重度脆弱区同样也广泛分布于松花江流域，以中部的长春市、四平市、松原市和北部的齐齐哈尔市分布最为广泛；极度脆弱性多呈面状，

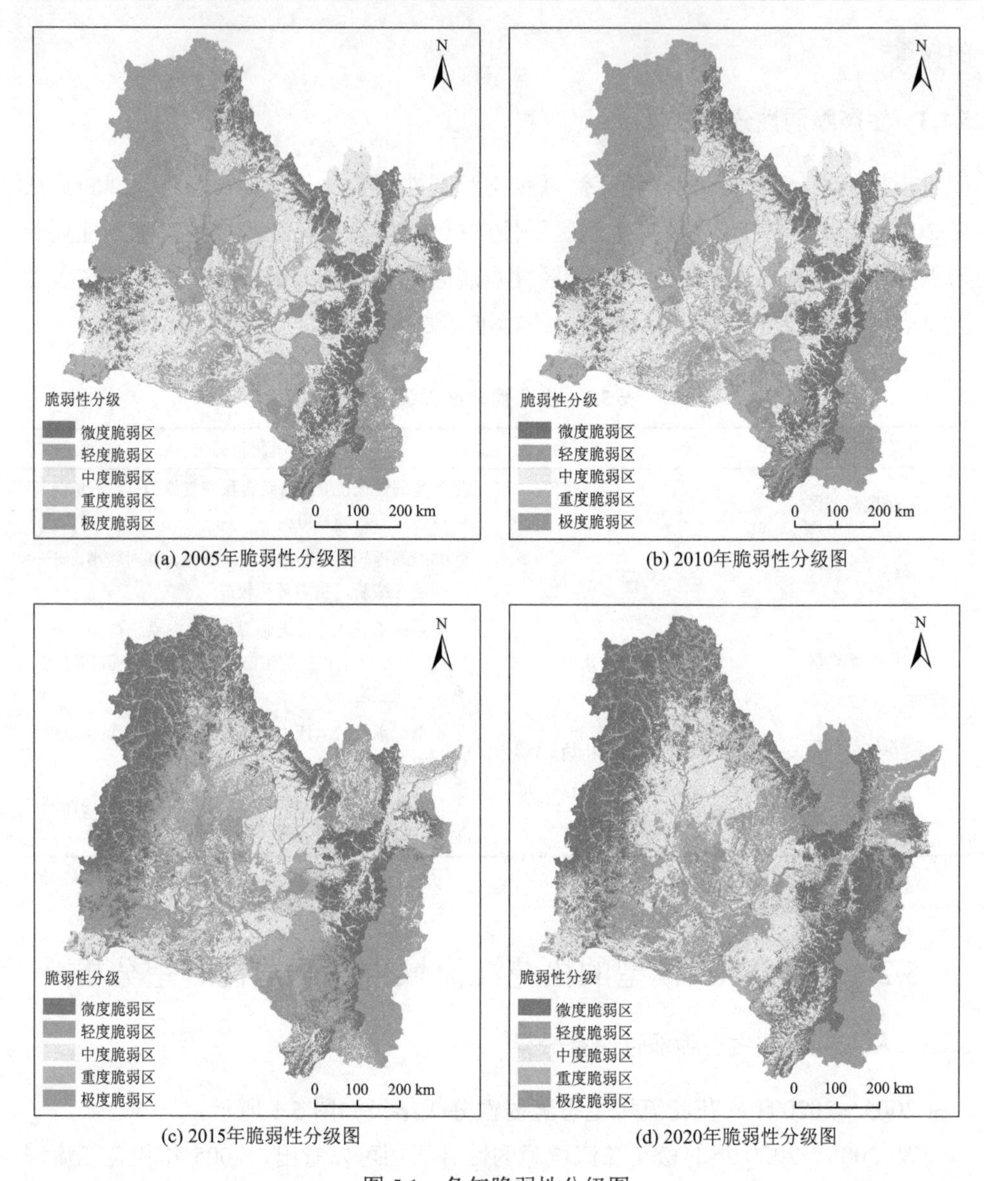

(a) 2005年脆弱性分级图　(b) 2010年脆弱性分级图

(c) 2015年脆弱性分级图　(d) 2020年脆弱性分级图

图 5.1　各年脆弱性分级图

集中存在于长春市、齐齐哈尔市、伊春市、大庆市、松原市、四平市和吉林市。2005 年松花江流域生态脆弱性分级以中度脆弱区和重度脆弱区为主，中度脆弱区的面积最大，为 172270km^2，占总面积的 31.18%；重度脆弱区面积为 133833km^2，占总面积的 24.22%；轻度脆弱区面积为 120178km^2，占总面积的 21.76%；微度脆弱区面积为 863639km^2，占总面积的 15.63%；极度脆弱区面积最小，为

39848.2km^2，占总面积的 7.21%。

2010 年松花江流域微度脆弱区分布在松花江流域东部、北部以及西部地区；轻度脆弱区集中分布于西北部和东南部地区；中度脆弱区广泛分布于松花江流域大部分地区；重度脆弱区广泛分布于松花江流域中部和北部地区；极度脆弱区和 2005 年类似，也是集中在较大城市区域。2010 年松花江流域生态脆弱性分级同样以中度脆弱区和重度脆弱区为主，中度脆弱区的面积最大，为 166531km^2，占总面积的 30.14%；重度脆弱区面积为 136893km^2，占总面积的 24.78%；轻度脆弱区面积为 121102km^2，占总面积的 21.92%；微度脆弱区的面积为 84636.8km^2，占总面积的 15.31%；极度脆弱区面积为 43363.3km^2，占总面积的 7.85%。

2015 年松花江流域微度脆弱区主要位于松花江流域北部的呼伦贝尔市和锡林郭勒盟、北部黑河市和鹤岗市以及流域的中东部地区；轻度脆弱区集中分布在西南部的锡林郭勒盟和东部地区；中度脆弱区广泛分布于松花江流域；重度脆弱区集中分布于松花江流域西北部的呼伦贝尔市和哈尔滨市，以及南部的长春市、四平市和吉林市，还有东部的七台河市，少部分分布在松花江流域中部；极度脆弱区集中分布在长春市、四平市、哈尔滨市、牡丹江市、齐齐哈尔市和伊春市。2015 年松花江流域生态脆弱性分级以微度脆弱区和中度脆弱区为主，微度脆弱区的面积为 142394km^2，占总面积的 25.82%；中度脆弱区的面积为 135201km^2，占总面积的 24.52%；重度脆弱区的面积为 120308km^2，占总面积的 21.82%；轻度脆弱区的面积为 113616km^2，占总面积的 20.60%；极度脆弱区的面积为 39964.8km^2，占总面积的 7.24%。

2020 年松花江流域微度脆弱区广泛分布于研究区的西部和东部，轻度脆弱区分布于松花江流域西南部的锡林郭勒盟、南部的白城市和松原市、中部的绥化市和伊春市，以及东部大部分地区；中度脆弱区集中分布在松花江流域中部的齐齐哈尔市、长春市和哈尔滨市，其他零星分布于松花江流域内；重度脆弱区多分布于东部的牡丹江市、中部的齐齐哈尔市和大庆市，以及西北部的呼伦贝尔市；极度脆弱区主要分布在松花江流域的中东部。2020 年松花江流域生态脆弱性分级以微度脆弱区和中度脆弱区为主，微度脆弱区的面积为 167484km^2，占总面积的 30.35%；中度脆弱区的面积为 148568km^2，占总面积的 26.93%，轻度脆弱区的面积 138228 km^2，占总面积 25.05%，重度脆弱区的面积为 74728.1km^2，占总面积的 13.54%；极度脆弱区的面积最少，为 22761.8km^2，占总面积的 4.13%。

2005～2010 年，松花江流域微度脆弱区面积下降了 1727.1km^2，2010 年的轻度脆弱区面积比 2005 年的轻度脆弱区面积增加了 924km^2，2010 年中度脆弱区面积比 2005 年减少了 5739km^2，2010 年重度脆弱区面积比 2005 年增加了 3060km^2，2010 年极度脆弱区的面积比 2005 年增加了 3515.1km^2。2010～2015 年，松花江流域微度脆弱区面积增加了 57757.2km^2，轻度脆弱区面积减少了 7486km^2，中度脆弱区面积减少了 31330km^2，重度脆弱区面积减少了 16585km^2，极度脆弱区面积减少了 3398.5km^2。总体看来，2010 年到 2015 年松花江流域生态脆弱性情况转好，主要表现在微度脆弱区的面积不断增加，而极度脆弱区、重度脆弱区、中度脆弱区和轻度脆弱区的面积都相应减少。2015～2020 年，微度脆弱区面积增加了 25090km^2，轻度脆弱区的面积增加了 24612km^2，中度脆弱区面积增加了 13367km^2，重度脆弱区面积减少了 45579.9km^2，极度脆弱区面积减少了 17203km^2。

为了进一步研究 2005～2020 年松花江流域各地之间的生态脆弱性强度的变化特征，利用 ArcGIS 软件得到生态脆弱性等级在各个地区的分布情况。2005 年微度脆弱区面积最大的地区为哈尔滨市，占微度脆弱区总面积的 27.28%；轻度脆弱区面积最大的地区为呼伦贝尔市，占比为 54.54%；中度脆弱区面积最大的地区为兴安盟，占比为 17.77%；重度脆弱区面积最大的地区为齐齐哈尔市，占比为 23.68%；极度脆弱区面积最大的也为齐齐哈尔市，占比为 22.18%。表明齐齐哈尔市生态脆弱性较高，环境承受压力较大，生态易受到破坏。2010 年微度脆弱区面积最大的是哈尔滨市，占微度脆弱区总面积的 27.64%；轻度脆弱区面积最大的为呼伦贝尔市，占轻度脆弱区总面积的 53.99%；中度脆弱区面积最大的为兴安盟，占中度脆弱区总面积的 18.87%；重度脆弱区面积最大的为齐齐哈尔市，占重度脆弱区总面积的 23.50%；极度脆弱区面积最大的也为齐齐哈尔市，占极度脆弱区总面积的 19.30%。2015 年微度脆弱区面积最大的为呼伦贝尔市，占微度脆弱区总面积的 44.59%；轻度脆弱区的面积最大的为兴安盟，占轻度脆弱区总面积的 22.64%；中度脆弱区面积最大的为绥化市，占中度脆弱区总面积的 16.85%；重度脆弱区面积最大的为呼伦贝尔市，占重度脆弱区总面积的 23.12%；极度脆弱区面积最大的为牡丹江市，占极度脆弱区总面积的 22.10%。2020 年微度脆弱区面积最大的为呼伦贝尔市，占微度脆弱区总面积的 39.23%，比 2015 年下降了 5.36%；轻度脆弱区面积最大的为伊春市，占轻度脆弱区面积的 14.86%；中度脆弱区面积最大的为齐齐哈尔市，占中度脆弱区总面积的 20.77%；重度脆弱区面积最大的为呼伦贝尔市，占重度脆弱区总面积的 26.77%，比 2015 年增加了 3.65%；极度脆弱区面积最大的为大庆市，占极度脆弱区总面积的 27.33%。

5.2.2　不同尺度下的松花江流域生态脆弱性

为研究不同尺度下的松花江流域生态脆弱性，按流域分为嫩江、西流松花江和松花江干流。

嫩江流域 2005～2020 年生态脆弱性如图 5.2 所示。2005 年嫩江流域生态脆弱性分级研究表明，面积从大到小依次为重度脆弱区、中度脆弱区、轻度脆弱区、微度脆弱区和极度脆弱区。2005 年嫩江流域微度脆弱区面积为 28180.9km^2，轻度脆弱区面积为 75119.2km^2，中度脆弱区面积为 76864.6km^2，重度脆弱区面积为 93845.7km^2，极度脆弱区面积为 19407.9km^2。2010 年嫩江流域微度脆弱区面积为 27820.5km^2，比 2005 年减少了 360.4km^2；轻度脆弱区面积为 73604.3km^2，比 2005 年减少了 1514.9km^2；中度脆弱区面积为 77836.4km^2，比 2005 年增加了 971.8km^2；重度脆弱区面积为 95985.7km^2，比 2005 年增加了 2140km^2，极度脆弱区面积为 17879.7km^2，比 2005 年减少了 1528.2km^2。从图中可以看出 2005～2010 年嫩江流域重度脆弱区和极度脆弱区主要集中在中部地区，少量在南部，微度脆弱区和轻度脆弱区主要分布在流域东北和西北地区，中度脆弱区主要集中在南部。2015 年嫩江流域生态脆弱性研究表明，微度脆弱区面积为 93745km^2，比 2010 年微度脆弱区面积增加了 65924.5km^2；轻度脆弱区面积为 48382.6km^2，比 2010 年减少了 25221.7km^2；中度脆弱区面积为 66646.5km^2，比 2010 年减少了 11189.9km^2；重度脆弱区面积为 74469km^2，比 2010 年减少了 21516.7km^2；极度脆弱区面积为

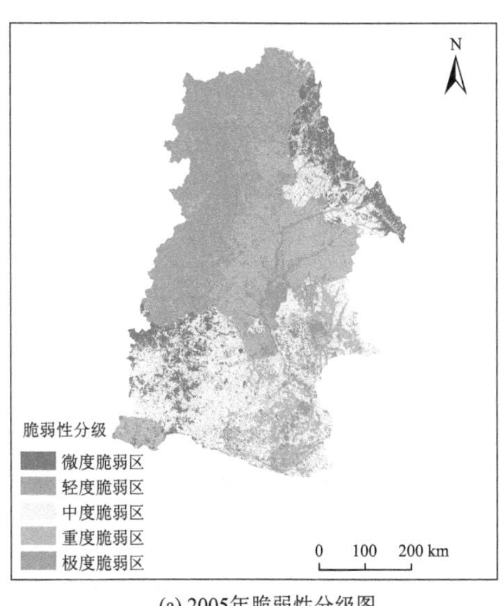

(a) 2005年脆弱性分级图

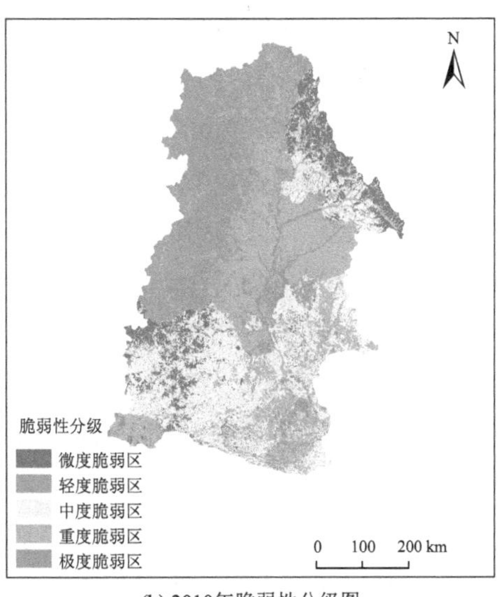

(b) 2010年脆弱性分级图

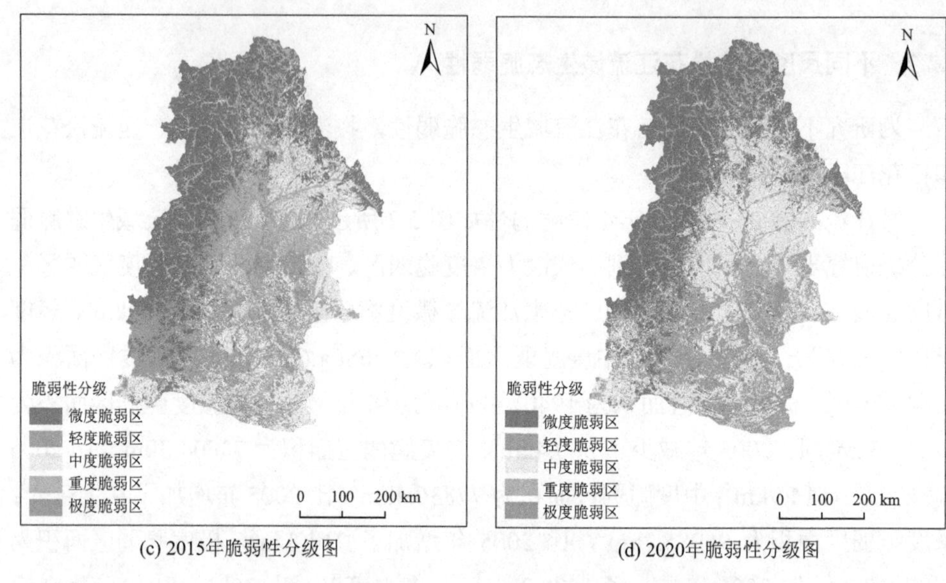

(c) 2015年脆弱性分级图　　(d) 2020年脆弱性分级图

图 5.2　嫩江流域 2005～2020 年脆弱性分级图

9257.73km^2，比 2010 年减少了 8621.97km^2。2020 年嫩江流域微度脆弱区面积为 95349.8km^2，比 2015 年增加了 1604.8km^2；轻度脆弱区面积为 49990.6km^2，比 2015 年增加了 1608km^2；中度脆弱区面积为 89530.4km^2，比 2015 年增加了 22883.9km^2；重度脆弱区面积为 49154.63km^2，比 2015 年减少了 25314.37km^2；极度脆弱区面积为 8765.16km^2，比 2015 年减少了 429.57km^2。

西流松花江流域 2005～2020 年生态脆弱性变化如图 5.3 所示。西流松花江流域 2005 年微度脆弱区面积为 18164.1km^2，轻度脆弱区面积为 20668.1km^2，中度脆弱区面积为 12477km^2，重度脆弱区面积为 15463.5km^2，极度脆弱区面积为 7112.4km^2。西流松花江流域 2010 年微度脆弱区面积为 17289.8km^2，比 2005 年减少了 874.3km^2；轻度脆弱区面积为 22893.7km^2，比 2005 年增加了 2225.6km^2；中度脆弱区面积为 9146.27km^2，比 2005 年减少了 3330.73km^2；重度脆弱区面积为 14470.9km^2，比 2005 年减少了 992.6km^2；极度脆弱区面积为 9781.7km^2，比 2005 年增加了 2669.3km^2。从 2005～2010 年微度脆弱区、中度脆弱区和重度脆弱区面积均减小，轻度脆弱区和极度脆弱区面积增大，说明从 2005～2010 年西流松花江流域生态遭到一定破坏。从图中可以看出，2005 年和 2010 年西流松花江流域重度脆弱区和极度脆弱区主要集中在流域西北部，而微度脆弱区主要集中在流域中部，轻度脆弱区则主要分布在流域东南地区。西流松花江流域 2015 年微度脆弱区面积为 10574.1km^2，比 2010 年减少了 6715.7km^2；轻度脆弱区面积为 22713.1km^2，比 2010 年减少了 180.6km^2；中度脆弱区面积为 22469.9km^2，比 2010 年增加了 13627.75km^2；重度脆弱区面积为 8569.96km^2，比 2010 年减少了 11620.6km^2；极度脆弱区面积为 3695.94km^2，比 2010 年减少了 7619.16km^2。2010 年到 2015 年微度脆弱区、轻度脆弱区和中度脆弱区面积均减小，而重度脆弱区和极度脆弱区面积增大，表明在这个时期西流松花江生态系统不太稳定，抵抗力较差，有较高的敏感性，环境承载压力较大。2015 年与 2010 年明显不同的一点是，2015 年在中部地区有重度脆弱区的集中分布，2010 年流域中部地区仅有少量零星分布。其中流域北部地区大部分由重度脆弱区转变为中度脆弱区。2020 年西流松花江流域微度脆弱区面积为 19162.6km^2，比 2015 年增加了 8588.5km^2；轻度脆弱区面积为 19758.3km^2，比 2015 年减少了 2954.8km^2；中度脆弱区面积为 22469.9km^2，比 2015 年增加了 13627.75km^2；重度脆弱区面积为 8569.96 km^2，比 2015 年减少了 11620.6 km^2；极度脆弱区面积为 3695.94 km^2，比 2015 年减少了 7619.16km^2。从 2015～2020 年来看，西流松花江微度脆弱区和中度脆弱区的面积均增大，而轻度脆弱区、重度脆弱区和极度脆弱区面积均减小，其中重度脆弱区的减少率为 57.55%。从图中可以看出，流域西北地区脆弱性等级由重度和极度脆弱区转变为中度脆弱区，整体而言 2015～2020 年西流松花江流域生态环境有明显改善。

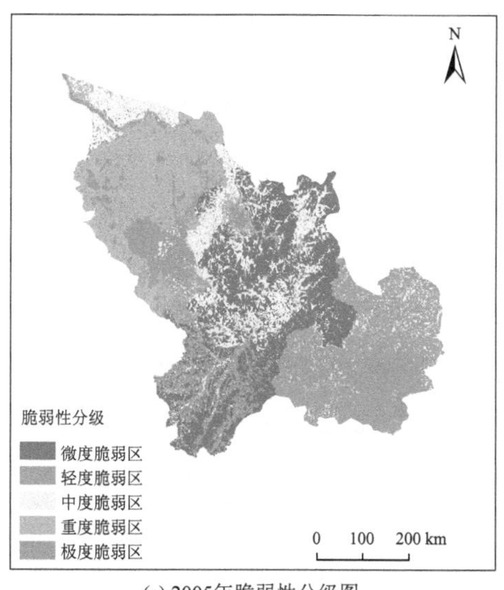

(a) 2005年脆弱性分级图

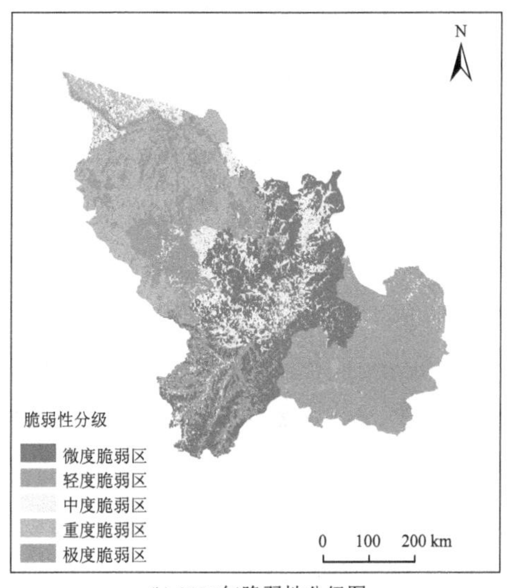

(b) 2010年脆弱性分级图

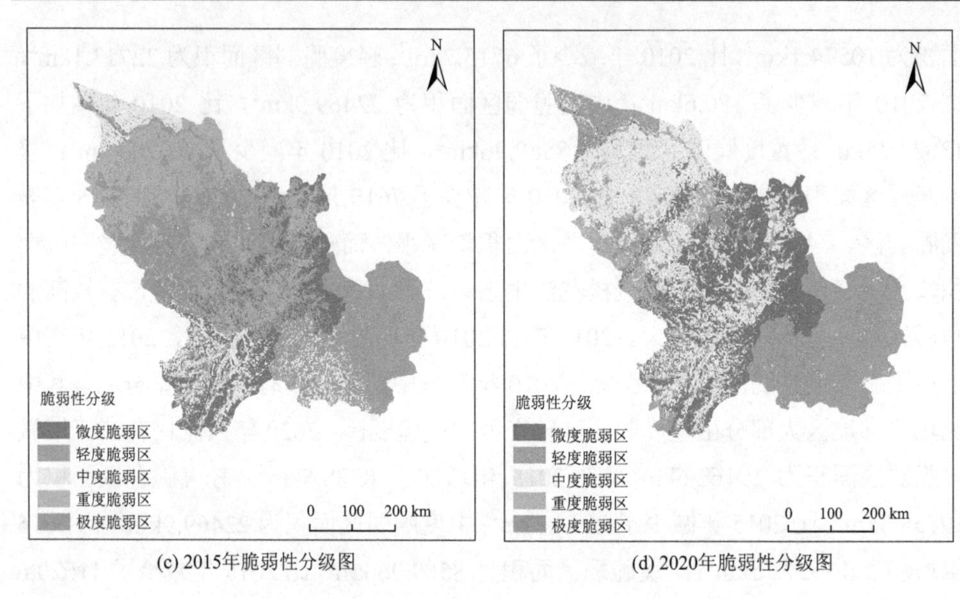

(c) 2015年脆弱性分级图　　(d) 2020年脆弱性分级图

图 5.3　西流松花江流域 2005～2020 年脆弱性分级图

松花江干流流域 2005～2020 年生态脆弱性变化如图 5.4 所示。2005 年微度脆弱区面积为 40018.9 km^2，轻度脆弱区面积为 24390.7km^2，中度脆弱区面积为 82875.7km^2，重度脆弱区面积为 24523.8km^2，极度脆弱区面积为 13327.9km^2。2010 年松花江干流流域微度脆弱区面积为 39482.1km^2，比 2005 年减少了 536.8km^2；轻度脆弱区面积为 24363.7km^2，比 2005 年减少了 27km^2；中度脆弱区面积为 79527.4km^2，比 2005 年减少了 3348.3km^2；重度脆弱区面积为 26430km^2，比 2005 年增加了 1906.2km^2；极度脆弱区面积为 15689km^2，比 2005 年增加了 2361.1km^2。2005～2010 年松花江干流流域微度脆弱区、轻度脆弱区和中度脆弱区面积减小，重度脆弱区和极度脆弱区面积增大，表明在此期间松花江干流流域生态脆弱性增大，生态环境承受压力较大。2015 年松花江干流流域微度脆弱区面积为 38074.9km^2，比 2010 年减少了 1407.2km^2；轻度脆弱区面积为 42520.3km^2，比 2010 年增加了 18156.6km^2；中度脆弱区面积为 59712.3km^2，比 2010 年减少了 19815.1km^2；重度脆弱区面积为 25648.4km^2，比 2010 年减少了 781.6km^2；极度脆弱区面积为 19391.97km^2，比 2010 年增加了 3702.97km^2。2020 年松花江干流流域微度脆弱区面积为 52971.6km^2，比 2015 年增加了 14896.7km^2；轻度脆弱区面积为 68479.1km^2，比 2015 年增加了 25958.8km^2；中度脆弱区面积为 36567.7km^2，比 2015 年减少了 23144.6km^2；重度脆弱区面积为 17003.51km^2，比 2015 年减少了 8644.89km^2；极度脆弱区面积为 10300.7km^2，比 2015 年减少了 9097.27km^2。从图 5.4 中可以看出 2015～2020 年松花江干流流域生态环境明显变好，有较强的承受压力能力。

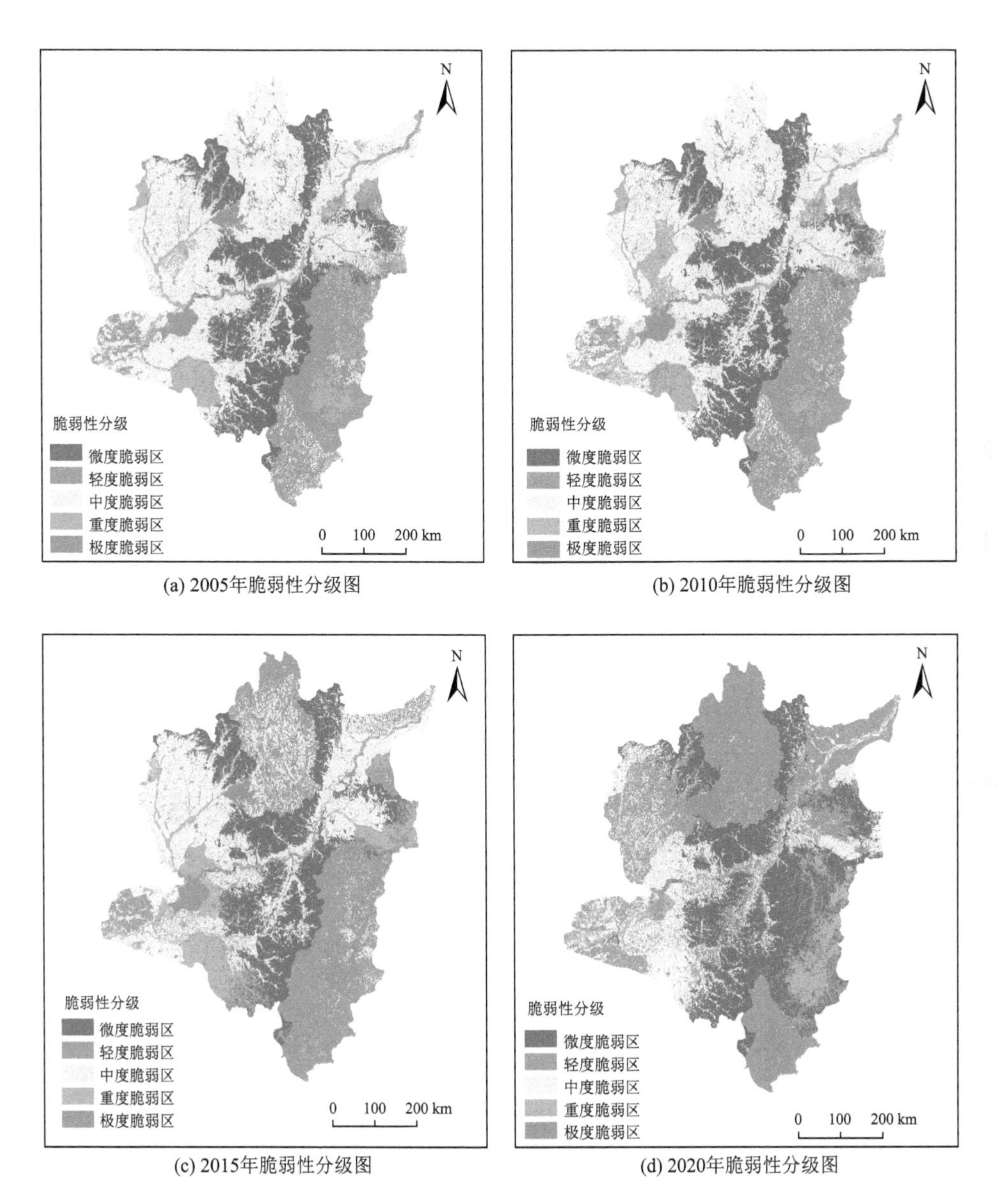

(a) 2005年脆弱性分级图　(b) 2010年脆弱性分级图

(c) 2015年脆弱性分级图　(d) 2020年脆弱性分级图

图 5.4　松花江干流流域 2005～2020 年脆弱性分级图

5.3 松花江流域生态脆弱性影响因素及恢复与重建

5.3.1 松花江流域生态脆弱性的影响因素

松花江流域生态脆弱性是多种因素共同作用的结果，如地形地貌、人类活动、经济因素和自然因素等，东北地区是我国重要的粮食基地，农业发展对松花江流域生态脆弱性的影响也不容忽视。结合松花江流域生态脆弱性的情况并参考其他学者关于影响因素的研究，本书从自然因素、人类活动、经济因素和农业发展 4 个方面，选取人口密度、人均 GDP、高程、坡度、坡向、植被覆盖度、年均降水量、年均气温、景观多样性、居民点干扰、生物丰度和粮食产量 12 个指标为基础，以 2020 年数据为例，利用主成分分析方法，通过数据分析、降维、因子分析，选择累计贡献率大于 80%的前 5 个成分作为主成分，得到 2020 年松花江流域主成分 KMO 和 Bartlett 球形度检验结果如表 5.3 所示，主成分分析结果如表 5.4 所示，主成分荷载矩阵如表 5.5 所示，主成分得分系数矩阵如表 5.6 所示。通过主成分荷载矩阵分析松花江流域生态脆弱性的主要影响因素，荷载绝对值越大，代表该指标对松花江流域生态脆弱性影响越大。2020 年主成分碎石图如图 5.5 所示。

表 5.3 KMO 和 Bartlett 球形度检验

指标		检验值
KMO 检验		0.634
Bartlett 球形度检验	近似卡方	116.395
	d*f*	66
	p 值	0.000

从表 5.3 可以看出，KMO 为 0.634，大于 0.6，满足主成分分析的前提要求，意味着数据可用于主成分分析研究；数据通过 Bartlett 球形度检验（$p<0.05$），说明研究数据适合进行主成分分析。

表 5.4 2020 年主成分分析结果

序号	主成分提取		
	特征值	贡献率	累计贡献率
1	2.949	24.579	24.579
2	2.489	20.746	45.325

续表

序号	主成分提取		
	特征值	贡献率	累计贡献率
3	1.883	15.693	61.018
4	1.198	9.986	71.004
5	1.129	9.406	80.410

表 5.5　2020 年松花江流域生态脆弱性各指标主成分荷载矩阵

指标	主成分 1	主成分 2	主成分 3	主成分 4	主成分 5
人口密度	0.851	0.111	0.209	0.105	0.146
人均 GDP	0.819	0.023	0.324	–0.195	0.132
高程	–0.523	0.600	0.217	–0.162	0.118
坡度	0.038	–0.389	–0.537	0.392	0.363
坡向	–0.314	0.778	–0.334	–0.010	–0.104
植被覆盖度	–0.301	–0.487	0.355	0.560	0.268
年均降水量	–0.028	–0.824	0.298	–0.255	–0.144
年均气温	0.681	0.265	–0.133	–0.268	0.479
景观多样性	0.322	–0.068	–0.734	0.046	0.140
居民点干扰	0.559	0.235	0.428	0.261	–0.423
生物丰度	–0.060	0.556	0.402	0.534	0.300
粮食产量	0.454	0.073	–0.415	0.404	–0.568

从表 5.5 可以看出，在第一主成分中，人口密度荷载系数最大，代表人口密度对其影响较大，人口越多对生态环境造成的压力越大，越易导致生态脆弱情况发生；在第二主成分中，年均降水量贡献率最大，反映为气象因子对其影响较大，过多的降水会造成洪涝、泥石流、水土流失等灾害，过少的降水会导致区域干旱，都会对环境造成一定破坏；在第三主成分中，景观多样性贡献率最大，反映为自然因素对其影响较大，景观多样性越丰富代表区域生态环境越稳定，越不易受到破坏；第四主成分中，植被覆盖度荷载系数最大，反映为植被覆盖度对其影响较大，植被对环境的影响非常直观，植被覆盖度直接影响区域生态环境；第五主成分中，粮食产量荷载系数最大，表明粮食产量对其影响较大。综上所述，2020 年松花江流域生态脆弱性主要与人口密度、年均降水量、景观多样性、植被覆盖度和粮食产量有关。

表 5.6　主成分得分系数矩阵

指标	主成分 1	主成分 2	主成分 3	主成分 4	主成分 5
人口密度	0.289	0.045	0.111	0.088	0.130
人均 GDP	0.279	0.009	0.172	–0.163	0.117
高程	–0.177	0.241	0.115	–0.135	0.105
坡度	0.013	–0.156	–0.285	0.327	0.322
坡向	–0.107	0.312	–0.177	–0.009	–0.092
植被覆盖度	–0.102	–0.196	0.188	0.468	0.237
年均降水量	–0.009	–0.331	0.158	–0.213	–0.127
景观多样性	0.109	–0.027	–0.390	0.038	0.124
居民点干扰	0.190	0.094	0.227	0.217	–0.375
生物丰度	–0.020	0.223	0.214	0.446	0.266
粮食产量	0.154	0.029	–0.221	0.337	–0.503

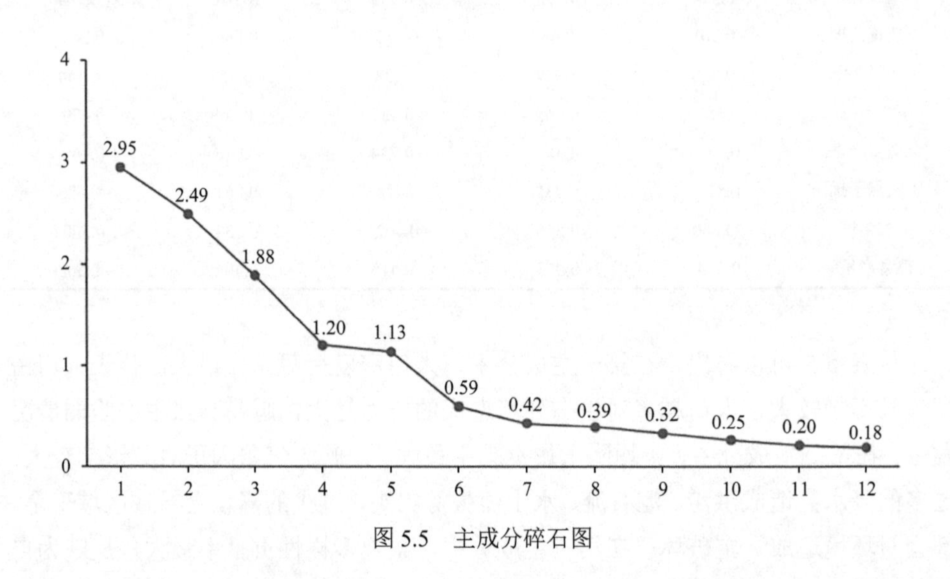

图 5.5　主成分碎石图

综上所述，松花江流域生态脆弱性是自然条件和人类活动综合作用的结果，自然条件一般包括气象因素和植被覆盖度等，人类活动一般包括人口密度和人均 GDP。降水和气温作为气象因素，对生态环境具有举足轻重的作用。过多的降水会造成水土流失、滑坡、泥石流和洪涝等自然灾害，据资料统计，历史上松花江流域在 1953 年、1960 年、1969 年、1988 年、1991 年、1998 年和 2013 年发生过洪涝灾害，生态环境被破坏，造成生态脆弱状况的发生；过少的降水不能给植被和粮食作物提供充足的水源，造成土地干旱。松花江流域旱涝灾害频发，导致生态系统不稳定。极端高温或者低温天气都会诱发自然灾害，当高温出现持续性和极端性时，会导致用电量激增，能源消耗过多，农作物土壤水分蒸发阻碍植被和粮食作物生长；低温灾害主要有雪灾、低温冷冻等，不利于植物生长，从而导致生态环境不稳定。植被的多少直接影响区域生态环境，从而影响生态脆弱性，植被可以起到防风固沙、预防水土流失、改善土地荒漠化的作用，从而保护生态环境，降低生态脆弱性，植被覆盖度高，代表生态环境良好，生态系统自我恢复能力强，生态脆弱性指数较低，反之，则生态脆弱性指数较高。人口密集，人口压力大，生态环境承载的压力也大，人地之间的矛盾凸显，人口过多会过度开发土地资源，对森林、植被、草地、水域造成一定破坏，城乡建筑用地面积扩张会导致植被覆盖度低，使得研究区生态更加脆弱。人均 GDP 代表经济因素，经济的发展对环境会造成较大改变，经济发展带来的城市化造成盲目占用耕地和林地的问题，一味追求经济发展也会使生态环境负担变重，使区域生态脆弱性愈发加剧。

5.3.2　松花江流域生态脆弱区的恢复与重建

1. 松花江流域生态脆弱区的恢复与重建原则

生态脆弱性恢复与重建对自然环境的保护有深刻作用，有助于人与自然和谐共处，研究结果对生态环境建设、布局以及区域规划建设有着指导作用，能够促进人与自然和谐发展，能够预防生态环境的破坏，在环境遭到破坏的初期就采取相应的方法进行治理。在生态环境治理的时候，应加大对生态脆弱性指数高区域的关注，对于生态脆弱性指数高的地区更要注意生态环境的协调发展，防止遭到更多破坏。

针对松花江流域生态脆弱性的现状，为了环境越来越好，深入挖掘人与自然和谐共处的意义，防止生态脆弱性进一步加深，就要因地制宜遵循以下原则。

1）区域可持续发展原则

1980 年可持续发展这个概念被首次提出，研究区域生态脆弱性是为了更好地治理和保护环境，使得环境得到保护的同时做到区域可持续发展。可持续发展观念是让每个人认识到生态环境是社会持续稳定的健康保证，是可持续发展的重要保障。遵循可持续发展的原则对松花江流域进行建设，对流域生态环境资源进行重新合理分配，从而提高松花江流域生态系统稳定性。要想坚持区域可持续发展原则就要科学合理地制定松花江流域生态资源和水土保持的远景规划，改善土地利用的生态价值，保证重度和极度脆弱区土地资源的可持续性，对生态脆弱性较大的地区进行资源合理布局，可以建设草场和防护林，改良节水型的耕种结构，大大提高生态脆弱区农田的产量，合理规划植被区域，发展绿色农业。同时，对生态脆弱性指数较高地区的植被建设加大监管力度，引导居民对植被的建设和管理意识，让人们意识到植被恢复同样会带来经济效益和生态效益。对于气候资源，要做到充分利用，在松花江流域修建大量的水库，可以对降水进行收集，对易发生气候灾害的地区制定相应的政策和策略，需要针对不同气候情况制定不同的策略，特别是极端气候的应急措施，要注意在雨季松花江流域易发生洪涝灾害，做到防患于未然，提前布控，以减少恶劣气候造成的严重损失。同时兼顾生态环境和社会效益之间的关系，不能只看经济数据是否漂亮，要根据实际情况合理分配生态资源，要注意惠民政策是否落实，做到人与自然和谐相处。

2）调整产业结构与资源优化相结合原则

人类对生态环境不能一味地索取，过度的索取不利于保持松花江流域良好的生态环境，同样会限制人类对生态资源的获取和利用。所以为了适应环境的变化，松花江流域相关环保和规划部门要根据情况及时更改规划和调整产业发展方向。构建更完善的产业结构，重视产业结构优化，增强松花江流域各产业之间的沟通和交流，形成资源连通互换，实现各产业之间的循环经济，真正实现各地区之间经济交流、互换、升级以及优势互补，合理利用资源。调整产业结构能保护和升级市场，适当调整产业结构也能改善经济情况，从宏观上调整产业结构，大力发展新兴产业、成长产业和出口产业，也要制定相应产业的保护和扶持政策，保证产业高速发展的同时，逐渐形成合理、高级的产业结构。推动服务业的发展，利用松花江流域的旅游资源，如野生动物资源以及森林资源等，让旅游业带动区域及周边区域发展，利用松花江流域的资源优势，发展特色产业，可建立特色农业，打造农产品采摘园和旅游相结合的模式，在改善生态环境脆弱性的同时增加经济收入。松花江流域中的东北老工业基地有很多夕阳产业，同样对国家经济的整体发展和维持社会稳定具有重要意义，要对这些产业进行及时调整，给予相应的援助。要着眼于农业农村的基础设施建设，关心在自然灾害下的农业抵抗能力，大力监管耕种过程中使用过量农药造成的环境破坏现象。发展经济的最基本前提是不破坏生态环境，设立松花江流域环境保护专项资金，做到产业结构与优化生态环境共同发展。增加关于保护环境的财政支持，申请专项资金用于农业农村建设和保护环境，对重度和极度脆弱区加大生态环境整治力度，制定“以奖代补”的模式激励人们都参与到生态环境治理中来。要知道保护生态环境需要预防资金和治理资金，减少对生态环境的破坏就能节约大部分治理资金，需要松花江流域政府以长远的眼光安排资源的优化利用，以便实现更好地产业升级和各产业互补发展。

3）完善法制与提高人的能动性相结合原则

随着经济的发展，人类在生态环境中的重要性逐渐增大，人类在生态环境保护工作中起到重要作用，要以保护的心态来应对微度和轻度脆弱区，不能因为这些地区的生态环境较好就懈怠。提高公众保护环境的意识，会减少很多不必要的问题，也能解决一些基本的环境问题。多组织环保宣传和生态文明建设活动，通过活动让人们了解松花江——松花江流域孕育着生命和文明，被称为东北地区的“母亲河”，让公众意识到保护松花江流域与自身密不可分，是当下松花江生态环境保护的重中之重。同时要制定相应的松花江流域生态环境保护政策，建立健全相应的管理制度，建设完善松花江流域生态系统监测网络，加强生态修复和治理，建立完备的环境保护法律制度，管理生态环境做到有法可依和违法必究，对于破坏生态环境的行为做到依法严惩。要确保落实制度，可采取“谁污染谁治理”“谁举报谁有奖”的方法，让人们积极参与到生态环境治理中来，可以采取小范围的社区规范化治理，在有关环境保护部门的带领和引导下，充分发挥社区居民的积极作用，让人们自觉参与到生态环境保护中来，广泛听取当地社区居民的意见，坚持因地制宜地规划生态环境，让人们认识到地区生态多样性、水土保持和维持生态平衡等方面的重要作用。特别是让重度和极度脆弱区的人们意识到人与环境之间的联系，才能在源头上制止破坏生态环境的行为。要大力打击触碰生态环境红线行为，推动松花江流域生态环境规范化的建设管理。

2. 松花江流域生态脆弱区的恢复与重建建议

对松花江流域生态脆弱性的研究，本书提出以下建议。

1）加强水土治理，预防水土流失

松花江流域生态物种丰富，林地和草地覆盖率高，要保障土地资源的合理有效利用。加大对松花江流域综合治理的力度，科学治理流域生态环境，对生态脆弱性的恢复投入专项资金。要因地制宜地发展农业，提高森林覆盖率和植被覆盖率，以达到加强水土治理、预防水土流失的目的。松花江流域土壤肥沃，坚持以预防为主，做到预防和治理相结合。重度和极度生态脆弱区多分布于松花江流域中东部，这些地方多是松花江流域内的较大城市，对严重破坏的地区要以治理和恢复生态环境为主，提高松花江流域整体的生态功能和对自然灾害的抵抗能力，争取扩大微度脆弱区范围，对松花江流域进行分区监管，同时也要做好预防工作，以减少在水土流失灾害中的经济损失。对于重度和极度脆弱区加强土地管理，预防城市群发生自然灾害，如洪涝、土地荒漠化及盐碱化；增加城市绿化面积，合理分配土地资源，提高生态抵抗力，从而降低生态环境脆弱性。

2）科学利用土地资源，改善土地利用结构

松花江流域土地规划部门制定土地资源的相关保护规划和措施，合理分配土地资源，减少土地资源浪费，尽可能地让土地资源发挥最大的作用和价值，扩大城区的绿化面积，多建设公园绿地、专题公园和自然保护区，尽量在原有建筑物的基础上进行整改扩建，减少土地资源的滥用和浪费，改善城市景观，以降低松花江流域较大城市如长春、哈尔滨、四平和齐齐哈尔等的生态脆弱性指数。大力保护耕地，建设高标准农田，改善耕地生态环境，整合破碎化土地，对土地资源合理规划。土地资源是生态脆弱性的重要影响因素之一，人地关系紧张必然会引发生态环境问题。对于松花江流域的微度脆弱区和轻度脆弱区，选取合适的区域建设自然保护区，保护松花江流域珍稀野生动植物的同时还能维护当地的生态环境，封山育林以保护森林水源涵养能力，完善松花江流域绿化系统，提高植被覆盖率，不断加强对土地资源的管理，为土地利用合理化提供有效决策。

3）增强宣传教育，提高环保意识

生态环境的保护必须依托于群众，人民是生态脆弱性治理中最重要的角色。采取线上和线下结合的宣传方式，通过制定环保政策、发放宣传手册、举办环保主题活动等方式对人们进行宣传教育，传统宣传方式和新媒体短视频结合的方式，让人们了解松花江的历史，自发保护这条东北地区的“母亲河”。树立正确的舆论导向，调动人们的积极性，使人们都积极参与到生态保护中来，鼓励人们参与环保事业，节约资源，加强人们对自然的敬畏教育，在生态治理上，应用先进技术与理念，重视生态保护方面的研究创新。

4）建立监测与反馈体系，提高生态环境韧性

对生态环境进行监测有助于及时跟踪了解当地面临的生态风险，从而降低环境破坏的程度和范围。在生态安全被破坏时，能够结合环境监测的结果和实地的情况制定应对措施，利用地理学相关知识和技术对松花江流域生态环境进行监测，对中度脆弱区和重度脆弱区进行严格把控，建立生态环境的保护与反馈体系，及时有效地反馈松花江流域生态脆弱性的情况，进行相应的修复和治理，从而提高生态环境韧性。

5.4　驱动力分析及评价

将松花江流域的 14 个生态脆弱性指标因子作为自变量、各年份生态脆弱性指数作为因变量，所有数据均选取重分类后的数据，分别利用地理探测器中的因子探测和交互作用探测器计算出评价指标因子对松花江流域生态脆弱性空间分异的贡献率及交互作用的影响。

5.4.1　驱动因子探测

X_1 至 X_{14} 分别代表 NDVI、地形起伏度、高程、建成区面积、降水、景观多样性、在校学生数、医院床位数、人口密度、人均拥有道路面积、气温、坡度、农林牧渔业生产总值、GDP，利用因子探测器探测出 14 个评价指标因子分别对松花江流域生态脆弱性的解释力（q 值），并将 4 个时期的探测结果进行统计（图 5.6）。结果显示，2005 年对松花江流域生态脆弱性解释力较高的前 5 个因子由高到低分别地形起伏度、高程、降水、坡度、景观多样性；2010 年对研究区解释力较高的前 5 个因子由高到低分别为农林牧渔业生产总值、在校学生数、人均拥有道路面积、建成区面积、医院床位数；2015 年对研究区解释力较高的前 5 个因子由高到低分别为降水、景观多样性、建成区面积、医院床位数、NDVI；2020 年对研究区解释力较高的前 5 个因子由高到低分别为气温、高程、GDP、NDVI、坡度。虽

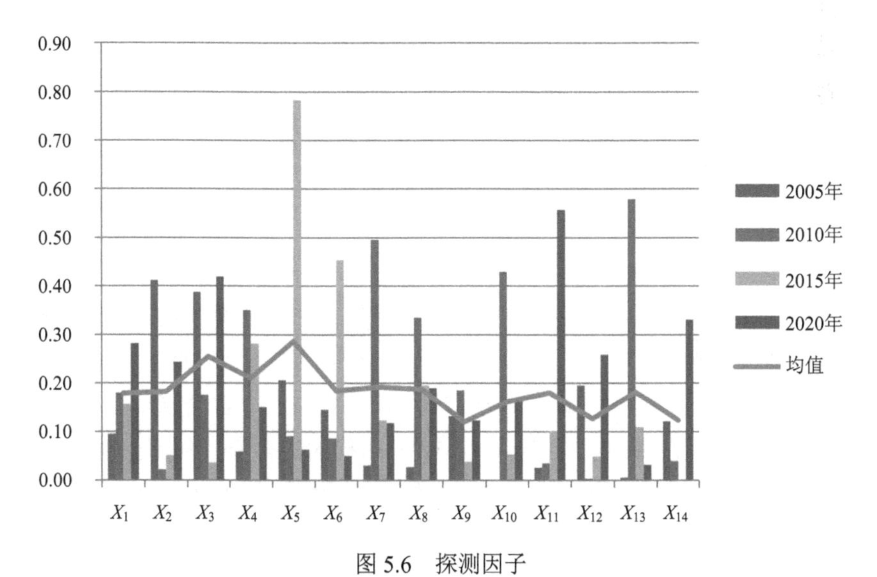

图 5.6　探测因子

然不同时期指标因子的解释力各不相同，但四个时期 q 值的平均值表明，14 个评价指标因子对松花江流域生态脆弱性的解释力总体表现为降水（0.2859）>高程（0.2549）>建成区面积（0.2107）>在校学生数（0.1921）>医院床位数（0.1876）>景观多样性（0.1842）>地形起伏度（0.1822）>农林牧渔业生产总值（0.1814）>气温（0.1801）>NDVI（0.1787）>人均拥有道路面积（0.1623）>坡度（0.1267）>GDP（0.1234）>人口密度（0.1198）。由此可见，对研究区影响较大的因子主要为降水、高程、建成区面积、在校学生数、医院床位数。

5.4.2 驱动因子交互作用

由于生态脆弱性的空间分布受多种影响因子共同作用，为分析不同影响因子对生态脆弱性分布格局的交互影响，需要对影响因子进行交互探测。这里利用交互作用探测器对 14 个评价指标因子进行两两交互，探测出每对交互因子对松花江流域生态脆弱性的影响。结果表明，91 对交互因子的交互作用均显示增强，分别为双因子增强和非线性增强两种，其中，双因子增强的因子对数分别为 63 对（2005 年）、49 对（2010 年）、56 对（2015 年）、46 对（2020 年）。

2005 年对松花江流域生态脆弱性空间分布具有较强解释力的交互因子是高程∩降水（0.6133）、地形起伏度∩降水（0.5720）、地形起伏度∩人口密度（0.5432）、高程∩景观多样性（0.5378）、地形起伏度∩景观多样性（0.4950）、除高程∩降水、高程∩景观多样性外，其他三对均为双因子增强；2010 年对研究区具有较强解释力的交互因子是 NDVI∩农林牧渔业生产总值（0.7545）、高程∩农林牧渔业生产总值（0.7518）、人口密度∩农林牧渔业生产总值（0.7509）、在校学生数∩人口密度（0.6979）、NDVI∩在校学生数（0.6972），除 NDVI∩在校学生数外，其他四对都为双因子增强；2015 年对研究区具有较强解释力的交互因子是降水∩人口密度（0.8629）、高程∩降水（0.8623）、地形起伏度∩降水（0.8349）、降水∩景观多样性（0.8258）、降水∩气温（0.8223），除降水∩景观多样性、降水∩气温外，其他三对都为双因子增强；2020 年对研究区具有较强解释力的交互因子是降水∩气温（0.8003）、NDVI∩气温（0.6909）、人口密度∩气温（0.6891）、景观多样性∩气温（0.6876）、高程∩气温（0.6797），除 NDVI∩气温、高程∩气温外，其他三对都为非线性增强。综合结果表明（表 5.7），高程的综合交互作用最强为 6.1682，其次为降水 5.3693、在校学生数 5.0814、气温 4.9338、坡度 4.9220。

第 6 章　松花江流域洪涝灾害韧性评价

6.1　概　　述

在暴雨洪灾的冲击下，生命财产损失、社会秩序紊乱等灾害性后果的案例屡屡发生。洪涝灾害对社会的发展和居民的日常生活造成了巨大的影响（李阳力等，2022）。在全球气候异常的今天，单一依靠自上而下的救援模式难以有效的减轻暴雨洪灾所带来的影响，必须完善自有的防灾减灾救灾能力，才能使暴雨洪灾所造成的负面影响减至最小。

近年来，随着自然资源的开发利用不断深入，城乡经济的规划建设不断加速，洪水出现的频率越来越高，造成的损失越来越大，我国防洪工作面临着空前严峻的挑战（陈云翔等，2004）。洪涝灾害是自然因素和社会因素综合作用的结果，具有自然和社会的双重属性，已成为我国可持续发展的重要制约因素，尤其引人关注。随着国家对防灾减灾的重视，之前的重视水利工程建设转变为在重视工程建设的同时，加强了非工程性措施的运用，如洪水预报预警、防洪调度、洪水保险、洪泛区管理等（王栋等，2004）。

目前我国现阶段的防灾救灾体系主要为政府指导下的救灾模式，缺乏居民的主观能动性，没有调动起居民自身对于灾害的认识。我国救灾和物资保障司副司长在 2015 年的相关发布会中提到目前我国对于防灾减灾中投入的力量尚且不足，缺乏政府各个部门之间的互相协调（陈金月和王石英，2017），需要进行紧密地结合，提升政府各个部门之间关于防灾减灾的相互联动。虽然我国的防灾救灾的能力、效率、决心以及成效都远远高于国外，但是与国外相比我国民间力量明显不足，需要进行民间力量的提升，并进行相关研究来弥补这一不足。

虽然我国对于灾害的预防、救援、恢复投入了大量资金，但是由于基层居民缺少相关的救灾力量，即使政府提供了充足的人力物力，也无法完美地完成抗灾救灾的任务，导致本可以避免的损失依然损失。因此需要通过社会层面的治理来完善乡镇韧性，提高乡镇韧性来抵御洪涝灾害的威胁。提升乡镇的韧性能力，必须加强自下而上的防灾减灾能力，研究乡镇自助-社会互助-国家公助相结合的乡镇韧性提升模式。

面对多种多样的不确定性因素，传统意义上的防灾抗灾理念已经不适用于当前乡镇的发展速度。韧性理念的提出为乡镇层面的抗灾救灾提供了新的方案（陶洁怡等，2022）。韧性不仅仅是灾害来临后的恢复力，还包括对灾害的适应能力以及灾害来临前的检测能力。因此探究如何提升乡镇的韧性是目前乡镇层面上防灾减灾研究的重要目标。相关的韧性理论已经应用于灾害领域并得到了许多国家与机构的关注，并成为灾害学领域研究的热点问题。

第三次联合国住房和城市可持续发展大会也在会议上指出未来城市的发展需要在一套增强韧性的措施基础上建立。由此可见未来韧性的建设将成为发展的必要因素。Holling（1973）首先提出韧性这一概念，并且率先将韧性与生态学相结合。2015 年联合国的国际减灾会议也引入了这一概念，建议建立国家和社区面对灾害时的韧性。因此研究乡镇的韧性应从多个方面入手，响应地方灾害脆弱性的前提是对特定社区内部结构进行全面了解。

目前国外众多学者在韧性的研究中从经验借鉴、理论演绎到指标体系构建、评测模型与实证分析，已经构建较为完善的研究体系。而国内的韧性研究处于起步阶段，主要停留在对于韧性内涵的解读与指标体系构建。

本章从暴雨洪灾冲击下的城市韧性出发，结合国内外研究，对于乡镇韧性的形成和机理进行深入剖析，结合松花江流域本土情况构建乡镇韧性评价模型，针对评价的结果进行整体和空间的分析，并分析其影响因素，有针对性地提出韧性提升的相关策略。

6.2 评价指标权重的确定

层次分析法（AHP）是 T.L.Saaty 教授在 20 世纪 70 年代提出的，是一种定性和定量数据相结合的办法。在以往常规韧性评估的研究中，权重计算较多学者采用层次分析法，但是层次分析法存在一定的不足，只能两两比较指标的重要性，缺乏更加细致的比较。同时由于层次分析法两两重要性获取的时候采用专家打分法，因此此方法的主观因素占比较大，也使得评价结果具有较强的主观性，并且需要对多次判断矩阵进行一致性检验直到符合标准，也带来精度不高的问题。在以往研究中为了解决主观性太强的问题，通常采用将 AHP 与熵权法进行结合，熵权法作为一种基于样本数据确定权重值的方法，其缺陷为权重结果太过于客观，偏离实际。因此以往的研究往往将两种方法相结合。但是两种方法相结合仍存在一些问题，在计算权重得到的结果中 AHP 的主观性仍然有所保留，使得数据仍具有主观性。因此本章采用提升层次分析法（IFAHP）来代替 AHP-熵权法中的 AHP 进行计算。

6.2.1 IFAHP 确定指标权重

层次分析法是基于问题的性质和最终目标，根据多个因素之间的相互关系来进行层次组合，并计算权重，而 IFAHP 则引入了模糊数学的概念，通过模糊判断矩阵，采用定量的方式来计算因素之间的重要性。AHP 采用的是一致性矩阵，而 IFAHP 采用的是模糊一致性判断矩阵，借助模糊数学来弥补专家的主观意见所带来的误差。

IFAHP 采用三标度建立判断矩阵，相比 AHP 的九标度判断矩阵更容易对两个指标之间的重要性做出判断，同时将 AHP 的优先判断矩阵改编为模糊一致性判断矩阵，使得计算结果可以直接满足一致性要求，无需进行循环计算满足一致性检验（Chen and Wang，2021）。具体实现步骤如下所示。

首先采用三标度评价方法建立模糊互补性判断矩阵 F，如式（6-1）所示。

$$F=\left(f_{ij}\right)_{m\times n}=\begin{cases}1 & A\text{重要性}>B\text{重要性}\\ 0.5 & A\text{重要性}=B\text{重要性}\\ 0 & A\text{重要性}<B\text{重要性}\end{cases} \tag{6-1}$$

式中，A 和 B 表示两个相互比较的因素；m 为准则层中指标的数量。

其次将优先矩阵 F 进行修改得到模糊一致性判断矩阵 Q。

$$q_i=\sum_{j=1}^{m}f_{ij} \tag{6-2}$$

再利用转换公式得到模糊一致性判断矩阵。

$$q_{ij}=\frac{q_i-q_j}{2m}+0.5 \tag{6-3}$$

$$Q=\left(q_{ij}\right)_{m^2} \tag{6-4}$$

再利用公式进行模糊一致性判断矩阵行求和。

$$l_i=\sum_{j=1}^{m}q_{ij}-0.5 \tag{6-5}$$

去除对角线元素：

$$\sum_{i=1}^{m}l_i=\frac{m(m-1)}{2} \tag{6-6}$$

需要借助归一化处理方法来处理各个指标权重，最终得到权重向量。

$$w_i = \frac{l_i}{\left(\sum_{i=1}^{m} l_i\right)} = \frac{2l_i}{m(m-1)},\ i = 1,2,3,\cdots,m \tag{6-7}$$

$$w = (w_1, w_2, w_3, \cdots, w_m) \tag{6-8}$$

重复上述步骤得到综合权重向量 w，计算准则层相对于目标层的权重，并计算其他准则层对该目标层的权重向量（Su，2020），再将综合权重向量分给各个指标，最终得到各个指标的综合权重关系，具体计算公式为

$$\lambda_i = \frac{\lambda \cdot \frac{1}{w_i}}{\sum_{i=1}^{n} \frac{1}{w_i}} \tag{6-9}$$

通过上述方法可以利用 IFAHP 代替 AHP 得到相关的指标权重，但是由于目前 IFAHP 没有可用的成品进行数据计算，因此本章采用 Python 结合上述算法进行 IFAHP 的计算，计算结果如表 6.1 所示。

表 6.1　IFAHP 权重计算结果

一级指标	二级指标	特征向量	权重值
经济韧性	人均 GDP	0.983793	0.039352
	第三产业占比	1.323175	0.052927
	就业率	0.903593	0.036144
	高层建筑占比	0.358384	0.014335
社会韧性	人口总数	0.890674	0.035627
	14 岁以下人口比例	0.890548	0.035622
	64 岁以上人口比例	0.051761	0.00207
	人口密度	0.891152	0.035646
	移动电话数量	0.777882	0.031115
	医生数量	1.205728	0.048229
环境韧性	降水量	1.487393	0.059496
	年平均气温	1.461386	0.058455
	土壤保持生态价值	1.01089	0.040436
	NDVI	0.652255	0.02609

续表

一级指标	二级指标	特征向量	权重值
环境韧性	地形起伏度	1.029514	0.041181
	河流长度	1.630847	0.065234
社区韧性	防洪设施数量	2.701719	0.108069
	公共管理和社会组织人员占比	1.742087	0.069683
	低保家庭占比	1.348553	0.053942
基础设施韧性	学校数量	0.471679	0.018867
	人均道路长度	1.448887	0.057955
	互联网用户数量	0.249157	0.009966
组织韧性	失业保险覆盖率	0.20243	0.008097
	医疗保险覆盖率	0.354483	0.014179
	党员数量	0.932032	0.037281

6.2.2　熵权法确定指标权重

熵权法作为一种客观权重赋值法，近些年来经常用于洪涝灾害评价相关的研究中。熵权法基于信息熵理论，数据熵值越小，表示指标的变异度越大，指标所含信息量也越大，越来越多的评价模型选择熵权法作为权重确定的一种方式。熵权法的计算步骤如下。

首先获取指标矩阵：

$$R=\left(r_{ij}\right)_{m\times n} \tag{6-10}$$

式中，m 为指标的个数；n 为研究的数据量。

其次计算第 i 个指标的信息熵值：

$$H_i=-\frac{1}{\ln n}\sum_{j=1}^{n}f_{ij}\ln f_{ij} \tag{6-11}$$

式中，H_i 为第 i 个指标的信息熵，值得注意的是，f_{ij} 会存在 $f_{ij}=0$ 的情况。f_{ij} 定义为

$$f_{ij}=-\frac{Z_{ij}}{\sum_{j=1}^{n}Z_{ij}} \tag{6-12}$$

最终计算该指标所对应的熵权值：

$$w_i = \frac{1 - H_i}{\sum_{i=1}^{m} 1 - H_i} \tag{6-13}$$

通过上述方法可得到松花江流域乡镇韧性研究所需要的 25 个指标的熵权值，但是由于涉及指标较多，数据量较大，传统利用 EXCEL 计算的方法已经不适合本研究，为了保证计算中不出现错误，利用 Python 构建熵权法进行计算，计算结果如表 6.2 所示。

表 6.2　熵权法权重计算结果

一级指标	二级指标	熵权值	权重值
经济韧性	人均 GDP	0.014891	0.009837
	第三产业占比	0.054575	0.036055
	就业率	0.054575	0.036055
	高层建筑占比	0.120708	0.079745
社会韧性	人口总数	0.054575	0.036055
	14 岁以下人口比例	0.039165	0.025874
	64 岁以上人口比例	0.039339	0.025989
	人口密度	0.120708	0.079745
	移动电话数量	0.054939	0.036295
	医生数量	0.064119	0.04236
环境韧性	降水量	0.006599	0.004359
	年平均气温	0.004184	0.002764
	土壤保持生态价值	0.262632	0.173506
	NDVI	0.001923	0.00127
	地形起伏度	0.085718	0.056629
	河流长度	0.112128	0.074077
社区韧性	防洪设施数量	0.071044	0.046935
	公共管理和社会组织人员占比	0.027173	0.017951
	低保家庭占比	0.027128	0.017922
基础设施韧性	学校数量	0.085863	0.056725
	人均道路长度	0.046905	0.030987
	互联网用户数量	0.055903	0.036932
组织韧性	失业保险覆盖率	0.027695	0.018297
	医疗保险覆盖率	0.026431	0.017462
	党员数量	0.054753	0.036173

6.2.3　IFAHP 与熵权法集成

经过 IFAHP 和熵权法计算得到两种方法的权重值，为了将两者进行组合得到松花江流域乡镇洪涝灾害韧性评估的各个指标的组合权重，本书选择线性组合法进行综合权重的计算。将两种权重通过距离函数确定占比来得到最终权重的值。

首先两种权重之间的距离表达函数为

$$\mathrm{d}\left(w_i', w_i''\right)=\left[\frac{\sum_{i=1}^{n}\left(w_i'-w_i''\right)^2}{2}\right]^{\frac{1}{2}} \tag{6-14}$$

同时两个权重之间的比例系数应满足 $a+b=1$，并且与权重的关系应为

$$\mathrm{d}\left(w_i', w_i''\right)=\left|a-b\right| \tag{6-15}$$

两个函数联立通过牛顿-拉夫逊方法进行求解，得到 a，b 的值，最终得到组合权重，组合权重值如表 6.3 所示。

表 6.3　组合权重计算结果

一级指标	二级指标	IFAHP 权重值	熵权法权重值	组合权重值
经济韧性	人均 GDP	0.039352	0.009837	0.026774
	第三产业占比	0.052927	0.036055	0.045737
	就业率	0.036144	0.036055	0.036106
	高层建筑占比	0.014335	0.079745	0.042211
社会韧性	人口总数	0.035627	0.036055	0.035809
	14 岁以下人口比例	0.035622	0.025874	0.031468
	64 岁以上人口比例	0.00207	0.025989	0.012264
	人口密度	0.035646	0.079745	0.05444
	移动电话数量	0.031115	0.036295	0.033323
	医生数量	0.048229	0.04236	0.045728
环境韧性	降水量	0.059496	0.004359	0.035998
	年平均气温	0.058455	0.002764	0.034721
	土壤保持生态价值	0.040436	0.173506	0.097147
	NDVI	0.02609	0.00127	0.015512
	地形起伏度	0.041181	0.056629	0.047765
	河流长度	0.065234	0.074077	0.069003

续表

一级指标	二级指标	IFAHP 权重值	熵权法权重值	组合权重值
社区韧性	防洪设施数量	0.108069	0.046935	0.082015
	公共管理和社会组织人员占比	0.069683	0.017951	0.047636
	低保家庭占比	0.053942	0.017922	0.038591
基础设施韧性	学校数量	0.018867	0.056725	0.035001
	人均道路长度	0.057955	0.030987	0.046462
	互联网用户数量	0.009966	0.036932	0.021458
组织韧性	失业保险覆盖率	0.008097	0.018297	0.012444
	医疗保险覆盖率	0.014179	0.017462	0.015578
	党员数量	0.037281	0.036173	0.036809

6.3 松花江流域乡镇洪涝灾害韧性评价结果

将数据和各项指标带入到评价模型中，得出松花江流域各乡镇的洪涝灾害韧性指数，并根据经济韧性、社会韧性、环境韧性、社区韧性、基础设施韧性和组织韧性对松花江流域内各个乡镇的韧性进行综合评估，最终得到6个层面及综合层面的韧性评价结果。

6.3.1 经济韧性评价结果

松花江流域各个乡镇的经济韧性主要体现在二级指标中的第三产业占比和高层建筑占比，其次就业率也在一定程度上影响经济韧性的指数，但是人均 GDP 对于经济韧性的影响程度较小。根据经济韧性的评价结果表明，经济韧性最好的三个乡镇分别为吉林省的石溪乡、黑龙江省的龙镇和汤旺朝鲜族乡。而经济韧性最差的三个乡镇分别为黑龙江省的卧龙朝鲜族乡、吉林省的永井乡和其塔木镇。由指标数据表分析可知，石溪乡的经济韧性除了就业率稍低外，其余各项指标均较高，因此石溪乡的经济韧性指数最高。而吉林省的其塔木镇所有指标均较低，最终导致其经济韧性指数也较低。如图 6.1 所示，经济韧性指数整体上表现为东北部较低，西南部较高。

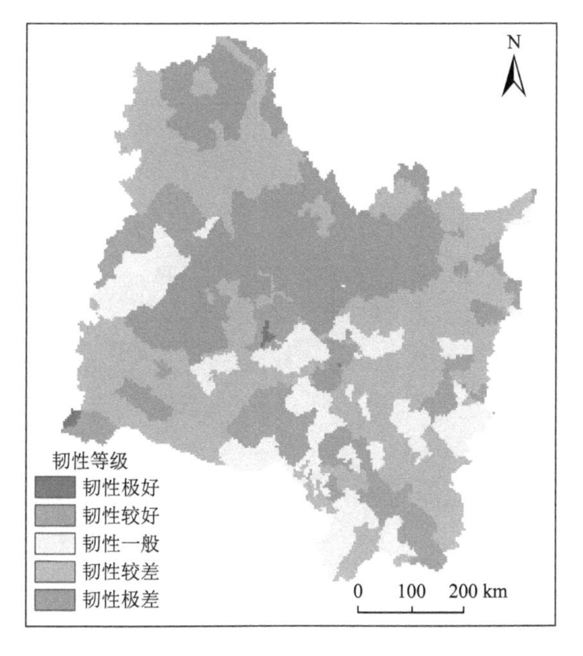

图 6.1　松花江流域乡镇经济韧性评价结果

6.3.2　社会韧性评价结果

松花江流域各个乡镇的社会韧性主要体现在二级指标中的人口密度和医生数量中，其次人口总数和 14 岁以下人口比例在一定程度上也影响社会韧性，但是 64 岁以上人口比例对社会韧性的影响较小。依照社会韧性指数从高到低进行排列可以得到，社会韧性最高的三个乡镇分别是黑龙江省的龙镇、吉林省的石溪乡和白石山镇，而最低的三个乡镇分别为吉林省的向海蒙古族乡、黑龙江省的红星乡和营城子满族乡。由指标数据表分析可知，虽然龙镇的人口密度并不是最高，但是其医生数量和移动电话数据均为较高值，同时 14 岁以下人口占比也较大，使得其社会韧性高于其他地区。而营城子满族乡虽然 14 岁以下人口占比同样较大，但是由于其人口密度和医生数量较小，导致其社会韧性评价结果较低。如图 6.2 所示，松花江流域乡镇社会韧性指数整体分布较为均匀，但社会韧性较强的乡镇更多的分布在南部。

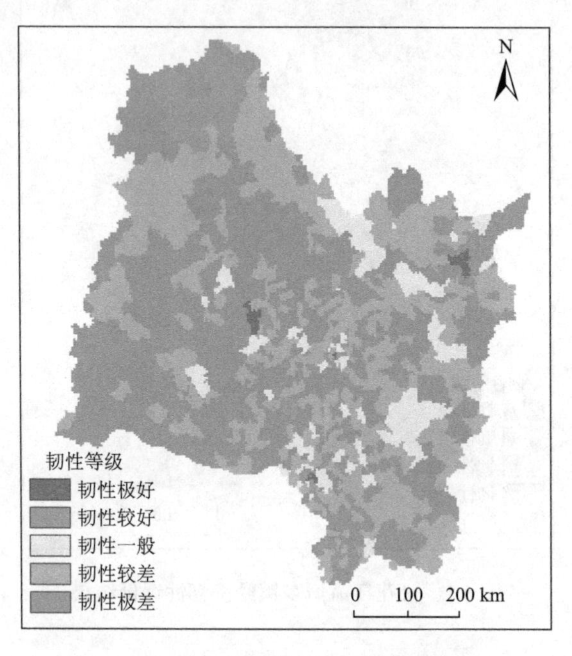

图 6.2 松花江流域乡镇社会韧性评价结果

6.3.3 环境韧性评价结果

松花江流域各个乡镇的环境韧性主要体现在二级指标中的河流长度中，其次为地形起伏度，而降水量、年平均气温、土壤保持生态价值对环境韧性的影响较小，NDVI 对于环境韧性的影响最小。依照环境韧性评价指数从高到低进行排序可以得到，环境韧性评价最高的三个乡镇分别是黑龙江省的双井镇、铁山乡和吉林省的大桥乡，环境韧性评价最低的三个乡镇分别是黑龙江省的中心河乡、双河镇、他拉哈镇。由指标数据表分析可知，双井镇的环境韧性较高的原因主要为河流长度较短，同时其地形起伏度较为平缓，这使得双井镇的环境韧性为松花江流域内乡镇环境韧性最高，而他拉哈镇虽然河流长度也不长，但由于其他指标普遍较低导致其环境韧性值较低。如图 6.3 所示，松花江流域环境韧性指数整体分布呈现中间韧性较低、西北部和西南部韧性较高的分布趋势。

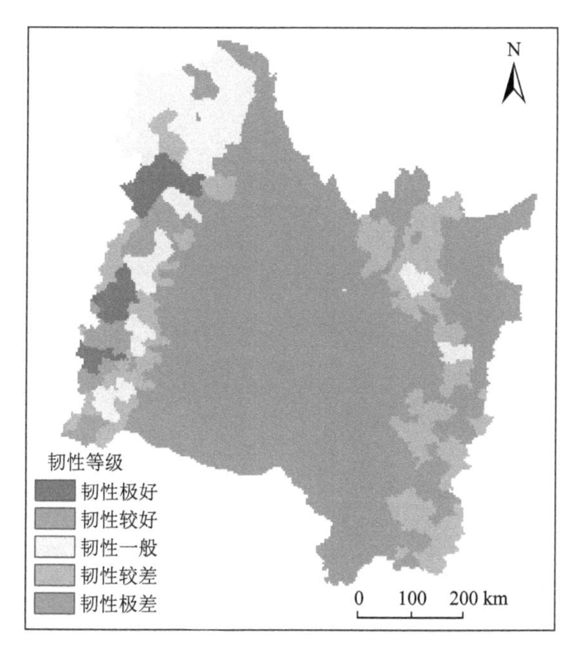

图 6.3　松花江流域乡镇环境韧性评价结果

6.3.4　社区韧性评价结果

松花江流域内各个乡镇的社区韧性主要体现在二级指标中的防洪设施数量，公共管理和社会组织人员占比对社区韧性的影响较小。依照社区韧性评价指标结果进行排列可知，社区韧性最高的三个乡镇分别是吉林省的石溪乡、白石山镇和黑龙江省的汤旺朝鲜族乡。而社区韧性最低的三个乡镇分别是黑龙江省的靠山乡、内蒙古的满族屯满族乡和黑龙江省的五大连池镇。由指标数据分析表可知，虽然石溪乡公共管理和社会组织人员占比不高，但是由于其防洪设施数量较多使得其社区韧性较高。但是五大连池镇由于公共管理和社会组织人员占比太低，并且防洪设施数量也不多导致其社区韧性评价较低。如图 6.4 所示，松花江流域乡镇社区韧性指数分布较为均匀，但是中间与北部的社区韧性明显高于东西两侧的社区韧性。

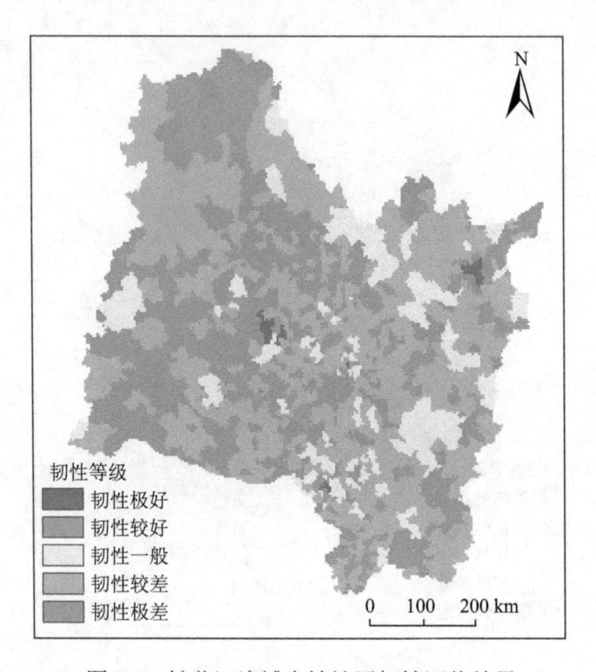

图 6.4　松花江流域乡镇社区韧性评价结果

6.3.5　基础设施韧性评价结果

松花江流域各个乡镇的基础设施韧性主要体现在二级指标中的人均道路长度中，其次学校数量和互联网用户数量也在一定程度上影响基础设施韧性的结果。依照基础设施韧性指数从高到低进行排序可以得到，基础设施韧性最高的三个乡镇分别是黑龙江省的宾西镇、吉林省的石溪乡和黑龙江省的居仁镇。而基础设施韧性最低的三个乡镇分别为黑龙江省的朱家镇、吉林省的未名乡和黑龙江省的新生鄂伦春族乡。由指标数据表分析可知，宾西镇基础设施韧性较高的原因是其人均道路长度和学校数量均较高。而朱家镇由于其人均道路长度较短和学校数量较少使得其基础设施韧性低。如图 6.5 所示，松花江流域乡镇基础设施韧性指数整体分布呈现北部较高、西南部较低的分布趋势。

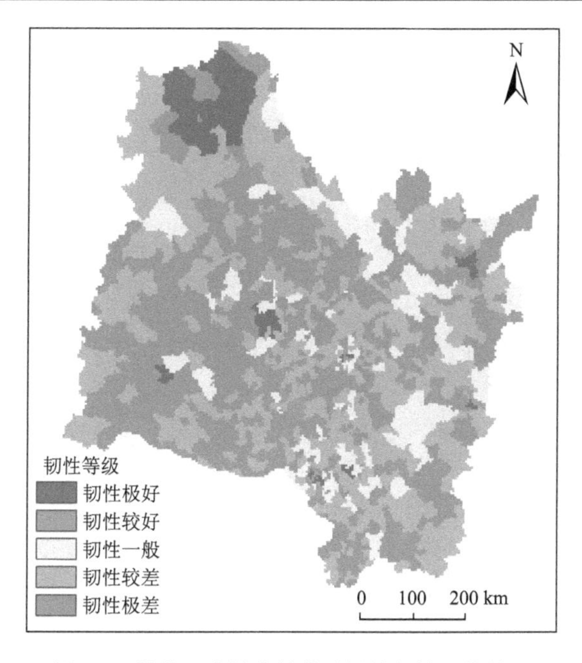

图 6.5　松花江流域乡镇基础设施韧性评价结果

6.3.6　组织韧性评价结果

松花江流域各个乡镇的组织韧性评价主要体现在党员数量，由于我国的相关政策不断完善，失业保险覆盖率和医疗保险覆盖率两方面对组织韧性的提高也起到一定作用，并且相差不大。依照组织韧性指数从高到低进行排序可以得到，组织韧性最高的三个乡镇分别是吉林省的白石山镇、龙溪乡和黑龙江省的龙镇，而组织韧性最低的三个乡镇分别为黑龙江的居仁镇、宾西镇和吉林省的未名乡。由指标数据表分析可知，组织韧性最高的白石山镇和最低的宾西镇在失业保险覆盖率和医疗保险覆盖率上相差不大，但是党员数量差距较大，这也是导致其韧性结果差异的主要原因。如图 6.6 所示，松花江流域乡镇组织韧性指数整体分布较为均匀。

6.3.7　综合韧性评价结果

松花江流域内乡镇的洪涝灾害韧性整体表现如图 6.7 所示，呈现出西南部和东北部地区偏高、西北部较低的分布格局，详细的表现结果为吉林省石溪乡、黑龙江省龙镇、吉林省白石山镇整体韧性较高，而黑龙江省的永恒乡、营城子满族乡、向阳镇洪涝灾害韧性较低。

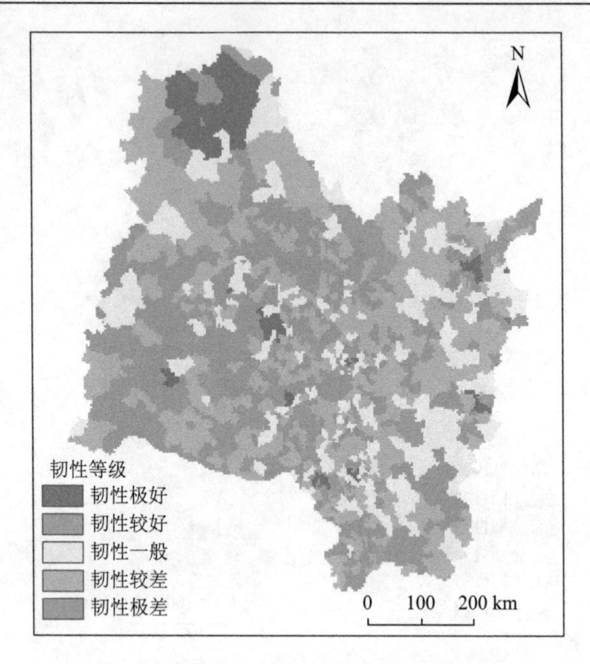

图 6.6　松花江流域乡镇组织韧性评价结果

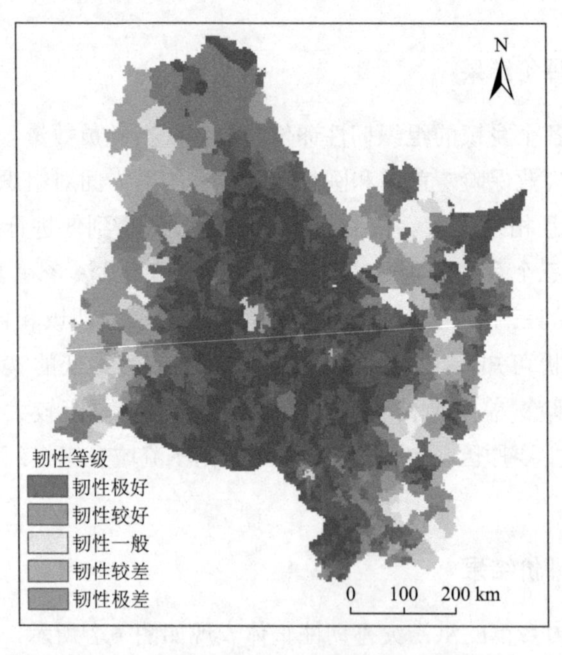

图 6.7　松花江流域乡镇综合韧性评价结果

6.4　松花江流域乡镇洪涝灾害韧性评价结果分析

6.4.1　洪涝灾害韧性的整体特征

根据洪涝灾害韧性评价的计算过程，可以得到松花江流域 1436 个乡镇的洪涝灾害韧性评价指数的平均值为 0.022428，其中洪涝灾害韧性指数最高的是吉林省白溪乡，韧性指数为 0.164351；韧性指数排名第二的是黑龙江省的龙镇，韧性指数为 0.156755；韧性指数排名第三的是吉林省的白石山镇，韧性指数为 0.146554；韧性指数排名最低的黑龙江省向阳镇的韧性指数为 0.014043。松花江流域各个乡镇的洪涝灾害韧性指数的最大值是最小值的 11.7 倍，由此可见不同乡镇之间的洪涝灾害韧性存在着较明显的差异。根据计算得到的洪涝灾害韧性评价结果，根据自然断点法将洪涝灾害韧性指数划分为 5 类，分别为高韧性、较高韧性、中韧性、较低韧性和低韧性。

根据划分的松花江流域乡镇洪涝灾害韧性指数五类数据中可以看出，拥有较高及高韧性的乡镇数量较少，而拥有低韧性指数的乡镇较多。洪涝灾害韧性评价的 5 类乡镇数量占据总体乡镇数量的比值从高到低排序依次为 1.04%、2.64%、4.31%、21.16%、70.82%，其中中韧性及以下的乡镇数量占据了总体乡镇数量的 96.29%，而高韧性及较高韧性则仅仅占据乡镇总数的 3.71%。根据计算结果和上述分析得到，松花江流域内乡镇韧性的评价结果不容乐观，乡镇 GDP 总产值的缓慢增长严重影响到乡镇的经济发展水平，进而导致各项基础设施和其他因素薄弱，导致松花江流域乡镇韧性处于劣势水平，需要进行相应的改善来提高松花江流域的乡镇韧性。

6.4.2　洪涝灾害韧性的空间特征

由松花江流域的经济韧性、社会韧性、环境韧性、社区韧性、基础设施韧性和组织韧性所呈现的空间分布格局可知，每种韧性的侧重点均有所不同，因此每种韧性的评价结果空间格局分布状态也存在着一定的区别。①经济韧性是表示一个乡镇经济发展程度的重要基础，主要体现第三产业占比和高层建筑占比，同时就业率和人均 GDP 也在一定程度上影响着经济韧性，其中吉林省石溪乡的经济韧性最高，总体上呈现东南部较低、西北部较高的分布格局，但是总体差别不大。②社会韧性作为维持一个乡镇在受到灾害时的社会运转正常的基础，主要体现在人口密度和医生数量中，人口总数、14 岁以下人口比例也在一定程度上影响社会韧性，其中黑龙江的龙镇社会韧性值最大。总体上社会韧性的分布较为均匀，但是社会韧性较强的乡镇更多地分布在南部。③环境韧性的高低影响着乡镇的城市化进程和居民的生活质量，主要体现在地形起伏度和河流长度上，降水量和年平均气温、土壤保持生态价值对环境韧性的影响并不大，其中环境韧性最高的乡镇是黑龙江省的双井镇。整体上松花江流域环境韧性的分布格局呈现中间低、四周高的空间分布趋势。④社区韧性是一个城市在洪涝灾害来临时抵御灾害的重要能力，其主要体现在防洪设施数量上面，其中社区韧性最高的地区是吉林省的石溪乡，社区韧性的空间分布格局呈现与环境韧性相反的中间高、四周低的分布情况。⑤基础设施韧性是乡镇经济和社会发展的基础条件，主要体现在人均道路长度和学校数量中，其中基础设施韧性最高的为黑龙江省的宾西镇，其基础设施韧性的空间分布格局呈现东北部较高、西北部较低的分布趋势。⑥组织韧性是代表了乡镇受到洪涝灾害后的组织协调恢复能力，由于我国惠民政策的不断提升，失业保险率和医疗保险率在各个乡镇的差别已经不大，并且医疗保险的覆盖率也已经达到了 98%，主要差距体现在党员数量上，但是总体差距并不是很大，所以组织韧性的空间分布格局呈现均匀分布的状况。

空间自相关是一种用来计算当前地理单元数据和其他地理单元数据在空间位置上的关联性的一种评价方法（Negret et al.，2020）。Tobler（1970）发表的文章中提出了地理学第一定律：任何东西与别的东西之间都是相关的，但近处的东西比远处的东西相关性更强”。这也是空间自相关的基础所在。在探究地理要素在空间分布上的关联和特点的时候，空间自相关的评价结果简洁明了，计算简单，易于衡量比较。因此本书利用全局空间自相关和局部空间自相关从整体上和局部上来研究地理数据在空间范围上的关联程度，直观地解释数据的空间分异特征。为了探究松花江流域乡镇洪涝灾害韧性的分布关系和空间关联特征，对综合韧性评价结果运用全局 Moran’s I 指数进行分析，基本的研究单元为乡镇，结果如图 6.8 所示，松花江流域乡镇洪涝灾害韧性的全局 Moran’s I 指数为 0.007993389，并且 $p<0.05$，通过显著性检验，说明松花江流域乡镇洪涝灾害韧性的空间分布存在着强烈的不相关性。图中第一象限表示为高高（HH）类型的集聚区，说明相邻乡镇的洪涝灾害韧性等级较高，空间上表现为高水平类型的空间集聚效应。第二象限表示为低高（LH）类型的集聚区，表现为周边乡镇的洪涝灾害韧性高于中心乡镇的洪涝灾害韧性；第三象限表示为低低（LL）类型的集聚区，表示相邻乡镇的洪涝灾害韧性均不高，空间关联表现为低水平类型的区域集聚区。第四象限表示为高低（HL）类型集聚区，表现为中心乡镇的洪涝灾害韧性高于周边乡镇的洪涝灾害韧性。

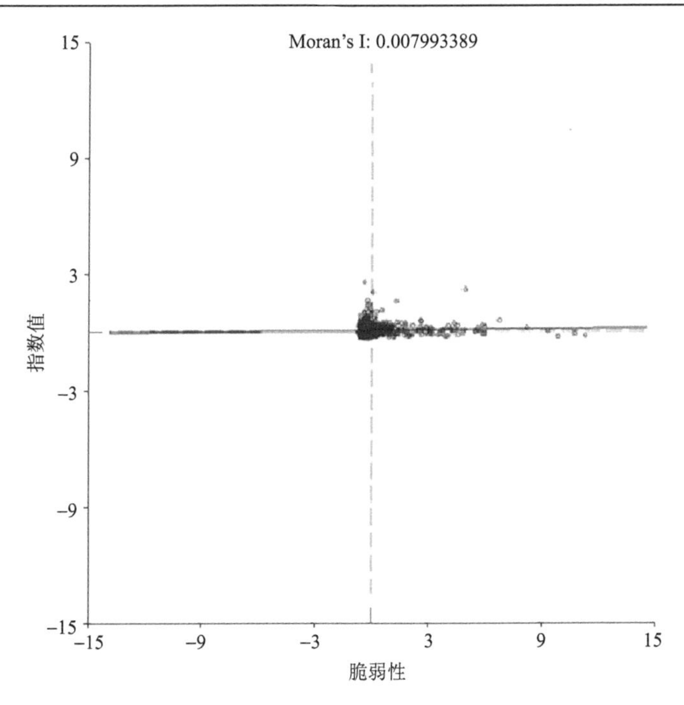

图6.8 松花江流域乡镇洪涝灾害韧性 Moran's I 指数散点图

全局 Moran's I 指数虽然能够从整体上分析松花江流域乡镇洪涝灾害韧性的空间聚集和分散程度，但是不能直观地表示研究区的韧性在空间上的关联模式和程度，而局部 Moran's I 指数却能很好地表述这一区域和相邻乡镇的洪涝灾害韧性的相似性程度，更能直观地展示松花江流域乡镇洪涝灾害韧性的局部空间分异特征。

局部空间自相关分析结果如图 6.9 所示，高-高聚集区域标识相邻乡镇的洪涝灾害韧性较高，空间上的关联表示为此地具有高水平类型的空间聚集。低-低聚集区域标识相邻乡镇的洪涝灾害韧性均不高，空间关联性表现为此地具有低水平类型的空间聚集，而高-低聚集和低-高聚集区域则表示高低值组合分布区。通过分布区与实际地理情况对比可发现，高值区域往往与经济发展较好的省会地区聚集，而低值的聚集区域往往在经济较差的地区。松花江流域包含上游、中游、下游三段，通过韧性的局部空间自相关性与上游、中游、下游位置进行对比也可以发现很多问题。在上游区域中绝大部分均为高低值组合分布区，表明上游部分洪涝灾害韧性与上游的关系并不大。而在中游和下游部分低值聚集区域明显增加，说明韧性与中游、下游的关联性较强。同时局部空间自相关和干流支流对比也可以发现，往往低值聚集区聚集在干流附近，而高值聚集区聚集在支流部分。由此可见松花江流域的乡村洪涝灾害韧性与上、中、下游和是否支流干流有明显的相关性。

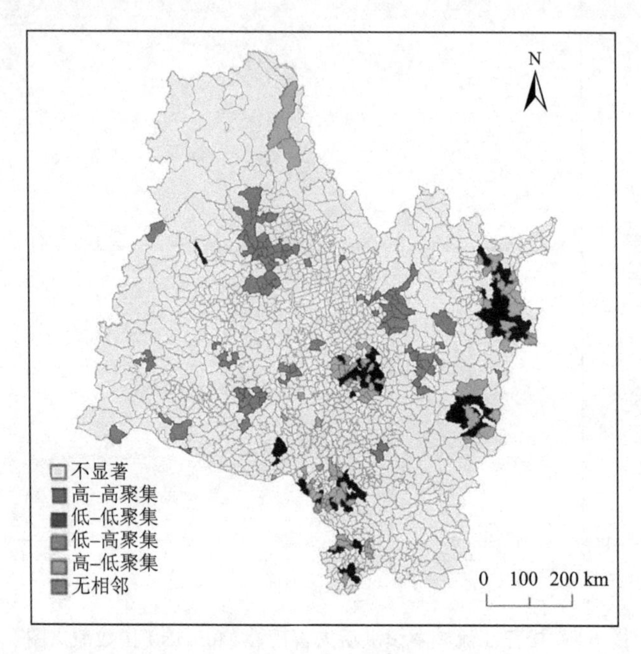

图 6.9 松花江流域乡镇洪涝灾害韧性局部空间自相关分布图

6.4.3 洪涝灾害韧性的影响因素

由上文可知，通过对指标权重值大小进行排序可以从数据中看出，影响乡村洪涝灾害韧性的不仅仅包括经济发展水平和基础设施建设，还包括相应的社会发展程度。经济对于洪涝灾害韧性的影响体现在许多层面，首先作为一个乡镇发展最重要的衡量标志，经济的发展程度决定了乡镇的发展程度，同时代表着有充足的资金用于应对洪涝灾害所产生的影响，无论是灾前、灾中、灾后，经济都体现着重要的作用（Sarker et al.，2020）。从检测灾害方面看，经济发展较好的地区具有充足的经费去进行相关的灾害监测、灾害预警。所以经济良好的地区虽然洪涝灾害带来的经济损失大，但是由于经济实力较强，可通过灾前检测、灾中救济、灾后重建等方面来进行乡镇的恢复，具有较强的韧性。此外经济发展良好的地区公众对于灾害的认知和防范能力也较强，所以可以得出经济发展水平主要影响着韧性的结论。在一个乡镇中，基础设施是一切的基本条件，也是居民幸福生活的基本保障，在一定程度上乡镇的基础设施和乡镇发展是互惠互利的，随着乡镇的发展基础设施也会逐步发展，同时基础设施的完善也带来了乡镇的逐步发展。随着近些年我国对于洪涝灾害的高度重视和关注，洪涝灾害的应对也已经成为地区基础设施建设需要考虑的重要因素（Feofilovs et al.，2020）。良好的基础设施是减少洪涝灾害影响的一大重要手段，并且基础设施无论在灾前、灾中或灾后都具有一定的积极作用，灾前可通过相应的基础设施进行预警和排水，灾中可提供相应的灾民安置点，灾后可利用现有的基础设施进行快速的经济复苏。纽约在应对洪涝灾害的文件中提到，需要提高交通、通信、水资源和基础设施应对洪涝灾害的能力，以便于促进灾后恢复。日本同时也在城市的建设中提出基础设施是提升韧性的重要手段（Wu et al.，2020）。根据上述分析可以得到，松花江流域乡村的洪涝灾害韧性提升也应通过基础设施建设的方面进行。社会韧性作为一个重要的指标，也是需要考虑的范围，社会韧性决定了社会层面在受到洪涝灾害时的恢复力，其中医生数量决定了洪涝灾害来临时的伤亡率，而 14 岁以下人口决定了这个乡镇未来是否具有活力，中国现已经步入老龄化社会，青年人口的占比决定了乡镇的主要劳动力。同时一个乡镇的经济和基础设施建设也在一定程度上依赖于乡镇的社会发展情况。整体而言松花江流域乡镇的洪涝灾害韧性普遍偏低，因此提高乡镇的社会韧性对于整体提升松花江流域 1436 个乡镇的洪涝灾害韧性具有十分重要的意义。

6.5　本章小结

本章着重于松花江流域的乡镇洪涝灾害韧性研究，不同于以往以县市为单位的韧性研究，而是着重于乡镇尺度的韧性研究。选取了 6 个二级指标，25 个三级指标获取松花江流域乡镇的洪涝灾害韧性，并运用 IFAHP 与熵权法结合的方法进行韧性权重的确定。并运用空间自相关方法对松花江流域的洪涝灾害韧性的空间分布特征进行分析，同时对松花江流域乡镇洪涝灾害韧性影响因素进行了分析，最终提出合理的韧性提升策略。具体研究内容如下。

（1）松花江流域乡镇洪涝灾害韧性评价指标体系的构建从经济、社会、环境、社区、基础设施、组织 6 个方面入手，选取了 25 个相关指标进行评估，分别为人均 GDP、第三产业占比、就业率、高层建筑占比、人口总数、14 岁以下人口比例、64 岁以上人口比例、人口密度、移动电话数量、医生数量、降水量、年平均气温、土壤保持生态价值、NDVI、地形起伏度、河流长度、防洪设施数量、公共管理和社会组织人员占比、低保家庭占比、学校数量、人均道路长度、互联网用户数量、失业保险覆盖率、医疗保险覆盖率、党员数量。部分指标数据难以获取，通过数据空间化和插值方法获得。并通过 IFAHP 与熵权法结合构建权重进行韧性评价。

（2）通过对松花江流域乡镇洪涝灾害韧性指数的研究，可以发现松花江流域乡镇洪涝灾害韧性不容乐观，中韧性及以下的乡镇数量占据了总体乡镇数量的 96.29%，而高韧性及较高韧性则仅仅占据乡镇总数的 3.71%。乡镇的 GDP 总产值的缓慢增长严重影响到乡镇的经济发展水平，进而导致韧性不足。在空间方面发现，不同韧性等级的分布与上、中、下游存在密切的关系，同时省会附近多聚集韧性较高的乡镇，说明韧性与经济发展程度和上、中、下游的分布具有密切关系。从影响因素层面看，影响乡村洪涝灾害韧性的主要因素不仅仅包含经济发展水平和基础设施建设，还包括了相应的社会发展程度。所以为了提高韧性应着力发展乡镇经济，在乡镇经济发展的同时保持乡镇生态环境。

由于洪涝灾害本身具有一定的复杂性和不确定性，以及在数据获取和处理过程中存在一定的误差，因此对于松花江流域乡镇洪涝灾害韧性的评价仍需深入研究，以期构建完善的松花江流域乡镇洪涝灾害韧性评估和韧性提升策略框架。

第 7 章　松花江流域洪灾脆弱性–韧性耦合研究

7.1　概　　述

脆弱性与韧性两者的关系是相互联系的，被认为是一个研究区域内的本质特征，评估分析两者的关系和联系，会涉及到自然、社会、经济等不同层次（李琳等，2022）。两者的区别在于脆弱性重点研究灾害发生的概率，而韧性研究的是一个区域或系统自身对外界刺激或威胁的抵抗和自愈能力（曾艾依然，2020）。脆弱性用于表现一个区域的抗干扰能力和灾害发生的几率和可能性，而韧性更多表示为一个区域的自我治愈能力（曲衍波等，2019）。不同的学者对于韧性与脆弱性的关系所持的看法也各不相同（李亚和翟国方，2018）。Francis 和 Bekera（2014）在韧性评价框架中加入了系统脆弱性评价；Turner 等（2003）认为韧性与脆弱性是相互依存、相互联系的关系，两者的影响因素也互相联系、互相制约；Cutter 等（2016）则认为脆弱性或韧性是灾害风险评估系统中的一个部分，它会影响评估系统最终的评定结果。联合国减灾署的最新报道显示，一个区域形成较强的韧性是最终目的，对于区域脆弱性的分析与评价则是为了实现韧性这一目标而制定的计划策略（Alexander et al.，2014）。

脆弱性这一概念很早就在国外学术界流行，大多数都是在研究脆弱性评价模型的建立，其中以美国学者卡特的研究最具代表性。Gilberto 等（2006）从系统的角度来分析社会生态系统中脆弱性、韧性和适应能力之间的概念关系；Dong 和 Dengxiao（2022）提出了一种改进的随机森林模型，并用它来对洪灾问题作出评价和模拟。该模型采用 whale 优化算法，确定传统模型中的关键参数，并结合驱动力–压力–状态–冲击响应（DPSIR）模型构建评价指标并输出研究区的恢复力指标（Kim and Lim，2016）；Cutter 等（2014）利用 6 个不同的灾后恢复力领域更新了 2010 年社区基线灾后恢复力指数（BRIC），通过分析美国五年间恢复力的增加和减少，来测试韧性指数的时空变化；Adger 等（2000）从社会、政治、环境在变化时所受到的外部压力出发，探讨社区韧性，提出生态恢复力是生态系统在面对破坏时维持自身生存的一个特征，强调了与生态恢复力概念相关的社会恢复力；Adger 等（2005）提出社会、生态环境以及任何特定极端事件的结果都会受到灾害前后恢复力的增强或侵蚀的影响，灾害管理需要多层次的治理系统，通过调动不同的抗灾资源，提高应对不确定性和突发事件的能力；Aldunce 等（2014）提出为了应对日益严重的灾害影响和气候变化给灾害风险管理带来的挑战，必须进一步发展灾害风险管理，探讨研究者和灾害风险管理从业者是如何构建韧性的；Berkes 等从社会-生态系统和发展心理学与心理健康几个方面探索社区恢复力，以形成新的研究方向（Fikret and Helen，2013）；Cox 和 Hamlen（2015）构建韧性恢复能力评估和规划工具，社区可以利用这些工具生成有关其韧性的当地相关数据，并能够随着时间的推移监测和增强其韧性；Cutter 等（2008）提出一种新的模型——DROP，从不同的角度对恢复力的含义和测量方法进行了大量的研究，从系统论认知角度分析乡村韧性与社会生态系统应对灾害以及灾害恢复力的评价研究；Zhou 等（2010）提出了一种基于地理信息的抗灾能力测量方法，包括固有抗灾能力和适应性抗灾能力两个属性，从生态科学、社会科学、社会环境系统和自然灾害等多个方面综述了韧性的起源和发展现状，从地学角度出发，建立了灾害位置“损失-响应”的灾后恢复力模型，并从三维模型中定义了灾后恢复力，重点研究了韧性的时空尺度受灾体的属性特征；Kim 和 Lim（2016）提出了气候变化背景下城市韧性分析的概念框架，重新整理并确定了韧性的关键概念要素，并着重考虑气候因素对城市韧性的影响。

脆弱性这一词语在国内出现得相对较晚，从研究方法上看，部分研究侧重于评价或描述性分析，如脆弱性程度分析评价、灾害风险模糊性评价等，少数学者从脆弱性-韧性模型入手，构建脆弱性模拟分析模型及灾后恢复力模型，从研究内容上看，国内研究涉及的领域更加全面。杨俊和向华丽（2014）以脆弱性模型 HOP 模型为参考，调查湖北省宜昌地区地质灾害综合资料，从乡镇尺度对该地区的人口分布、灾害敏感性、区域脆弱性进行分析；刘毅等（2010）应用 DEA 模型研究了我国易遭受自然灾害区域的脆弱性；孙鸿超和张正祥（2019）将脆弱性评价模型与景观格局指数相结合，利用地学软件，分析 1995～2015 年松花江流域吉林段景观脆弱等级的时间和空间规律，从人为因素和自然因素两方面对其驱动力进行分析；王钰和胡宝清（2018）以敏感性、压力程度、恢复能力为指标建立评价模型，构建生态脆弱性评价指标体系，集合地理信息技术，采用主成分分析法和差值法对生态脆弱性指数进行计算与分析；许兆丰等（2019）将城市防灾韧性分为四个层次，对城市的灾害韧性进行评价，并构建了评价指标体系，应用云物元方法构建城市灾害韧性综合评价体系；李梦杰和刘德林（2020）将韧性评价指标分为社会、经济、技术、自然四个方面，利用 AHP 软件确定各指标权重，对河南省的洪灾韧性恢复能力进行了评价；蒋卫国等（2008）以 GIS 空间技术为手段，建立了基于 GIS 的模糊综合评价模型，然后以洪水灾害风险评价应用为例，剖析模糊评价的全过程，利用该模型计算出洪水灾害风险并制作洪水灾害风险图；石育中等（2017）改进了国外学者的分析框架，将其应用到黄土高原区域的干旱脆弱性研究中，并从适应性、适应策略和适应模式三个层面分析评价；石勇等（2011）将脆弱性评价模式归为五种类型，对灾害研究领域中容易混淆的危险性、风险性、易损性等概念进行了分析；安芬等（2019）对贵州省乌江流域生态脆弱性进行评价，采用三种不同的分类法对脆弱性分级，并进行综合评价；陈余琴（2012）结合国内与国外的研究方法，分析了洪水灾害系统的形成机制，从 4 个不同层次选取了 29 个评价指标，构建洪灾韧性的评价指标体系，并对四川省各市（州）的洪水灾害恢复力时空格局上的变化进行了综合分析和对比分析。

7.2　脆弱性-韧性分析框架

本章参考的脆弱性评价模型 HOP 模型，此模型将评价指标分为两类，即物理脆弱性和社会脆弱性。该模型最早由学者 S. L. Cutter 提出，其基本思想是一个地区的脆弱性应由该地区的地理系统、社会系统和人类系统等因素共同决定（李苏和刘浩南，2022）。地理致灾因子与社会减灾措施相互作用产生了潜在的致灾因素，作用在地理层面时，为物理脆弱性，当作用于社会层面时，就表现为社会脆弱性，两种脆弱性相互作用下就会体现为区域脆弱性。HOP 模型不仅可以有效表征自身区位中地理环境脆弱性差异，还可以表征不同区位中社会经济特征方面脆弱性差异。具体模型如图 7.1 所示。

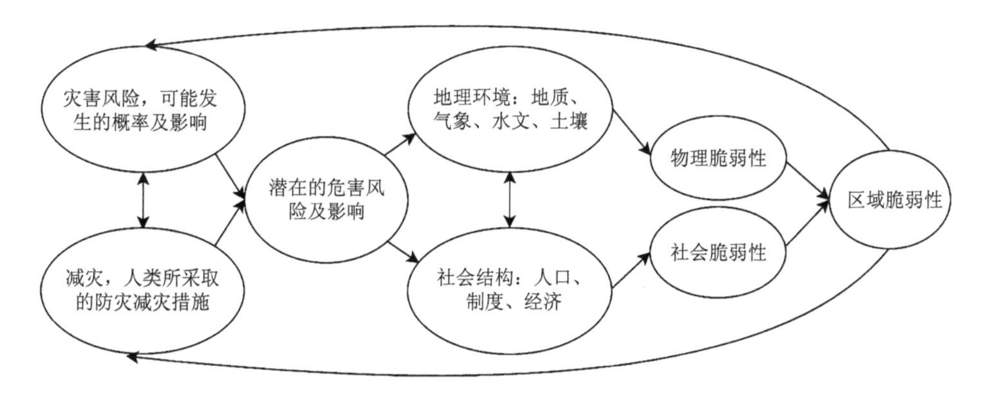

图 7.1　HOP 模型

根据模型选取了以下指标，如表 7.1 所示。

表 7.1　松花江流域脆弱性评价指标

目标层	要素层	指标因子	数据来源
物理脆弱性	地形	高程	地理空间数据云
		坡度	
		坡向	
	土壤	砂土含量	寒区旱区科学数据中心
	气候	年平均气温	国家气象科学数据中心
		年平均降水	
	植被	NDVI	资源环境科学数据中心
社会脆弱性	人口	人口密度	
	经济	GDP	

（1）物理脆弱性：即研究区内所涉及到的地理致灾要素（图 7.2）。地形因素，主要涉及到高程、坡度、坡向，不同的地势起伏、坡度和坡向都会对当地的受灾程度有影响，如暴雨、泥石流等自然灾害都是基于地形的变化程度而产生的；气候因素，气温和降水对地理环境变化有着较大的影响，最明显的就是影响流域内的生态环境，降水量和温度的差异将会直接影响这一地区的生态环境，进而产生脆弱性的差异；地表因素，不同地区地表的植被覆盖度、砂土含量也会影响此地

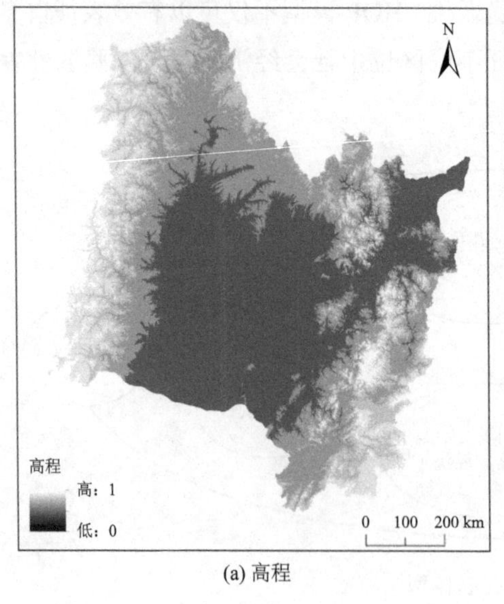

(a) 高程

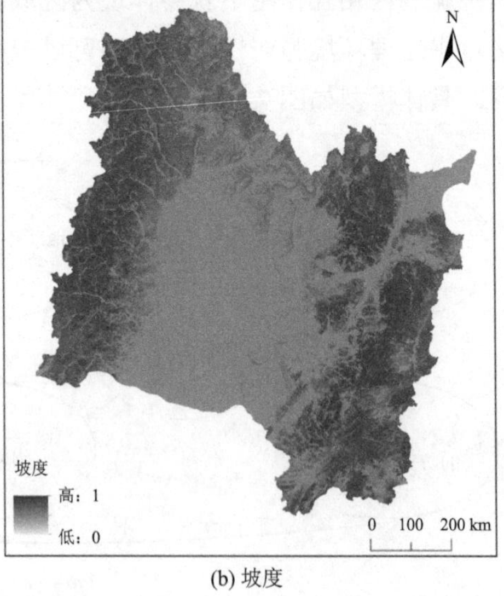

(b) 坡度

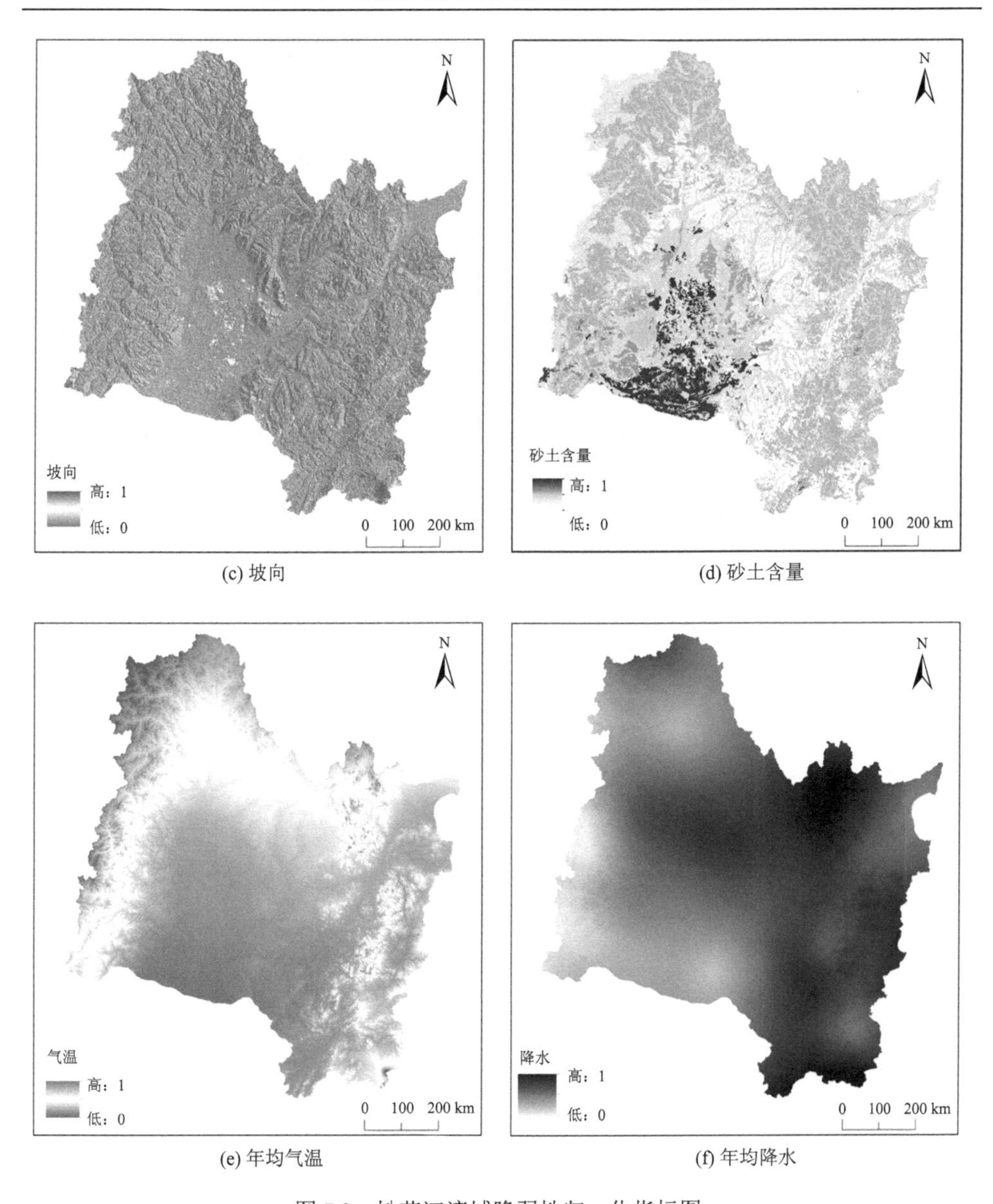

(c) 坡向　(d) 砂土含量

(e) 年均气温　(f) 年均降水

图 7.2　松花江流域脆弱性归一化指标图

区的脆弱性程度，植被覆盖度高的地区，自我恢复能力也相对较强。不同地区砂土含量的多少也会影响暴雨洪灾时雨水的下渗及排出，以及后续发生泥石流等灾害的可能性。

（2）社会脆弱性：即研究区内所涉及到的社会致灾要素。本书选择人口密度与 GDP 两项指标，用来反映脆弱性程度。当地人口密度的大小会影响当地的 GDP

产值，进而影响区域的经济活跃度，这些指标都会直接干扰到流域的脆弱性。

Cutter 等（2008）在现有韧性理论知识的基础上提出一种新的模型——韧性基线模型（BRIC），将韧性划分为社会经济、基础设施和生态环境等方面，通过相关分析确定了 49 个指标，并对这些因子进行赋值，完成量化，得到不同区域韧性大小。由于我国与西方国家的地域性差异，在指标选取上需稍作调整，更加符合研究区的特点。在我国现有统计数据、环境数据的基础上，根据研究区的不同情况以合理、科学、准确的方法重新筛选评价指标来替换原模型中的评价指标。在指标选取时，首先对部分缺失或者不够准确的数据做剔除处理，然后参考松花江流域现有的社会优势、资源优势、环境优势等，从 Cutter 模型的 49 个指标中选取一些可获取且数据信息完整的指标，根据相关文献的查阅、专家咨询、资料判断最终筛选出以下指标，具体如表 7.2 所示。

表 7.2　松花江流域韧性评价指标

目标层	准则层	指标层
A1 松花江流域韧性	B1 经济韧性	C1 GDP 值
		C2 全体居民人均可支配收入（元）
		C3 粮食产量（万 t）
		C4 就业人员数（万人）
	B2 社会韧性	C5 人口总数（万人）
		C6 城市人口密度（人/km^2）
		C7 人口自然增长率（%）
		C8 0～14 岁人口数（万人）
		C9 64 岁及以上人口数（万人）
	B3 环境韧性	C10 年均降水量（mm）
		C11 年均气温（℃）
		C12 NDVI
	B4 组织韧性	C13 中等专业学校在校学生数（人）
		C14 每万人拥有卫生技术人员数（人）
		C15 每万人拥有卫生机构床位数（张）
	B5 基础设施韧性	C16 供水综合能力（万 m^3/d）
		C17 排水管道长度（km）
		C18 人均拥有道路面积（m^2）
		C19 公路货物周转量（万 t/km）
		C20 建成区绿化覆盖面积（hm^2）

1. 经济韧性

经济韧性指标主要是指当地经济状况在受灾后作出的反应能力，是灾后恢复的主要支撑条件，它关系到一个地区灾后的恢复速度及恢复程度。选取了GDP、全体居民人均可支配收入、粮食产量、就业人员数4项数据构成经济韧性指标层。人均GDP可以反映一个地区经济发展水平，进而可以映射出一个地区的经济基础问题；全体居民人均可支配收入同样可以反映出一个地区的经济发展水平，可以支配的收入越高表明当地经济水平越好；粮食产量的多少可以确保在灾害发生后，当地人民能够解决基本的食物问题，同样可以影响到一个地方的恢复程度；就业人员数能够直接地反映一个地区主要劳动力群体的力量，这也是支撑着灾后恢复的重要力量。就业率越高，无业游民相对越少，所涉及的安全风险越小，就业者所获得的保险资金同样可以为灾后恢复提供经济支持，加速灾后恢复。

2. 社会韧性

社会因素是一个地区稳定发展的保障基础，这关系到灾害发生后人们能否得到实际的灾后生活保障。因此本书从人口总数、城市人口密度、人口自然增长率、0～14岁人口数、64岁及以上人口数5项指标构建社会韧性指标层。一个地区的人口多少及城市人口密度会影响着当地的灾害波及程度、灾后恢复时的人力储备、恢复时间等一系列问题；0～14岁人口数可以预测出一个地区的发展潜力，但与此同时灾害发生时，年龄较小群体的自我保护能力较为薄弱，许多应灾、救灾的认知体系尚未成熟，因此灾害来临时，他们不能够及时地采取一系列的措施来保护自己的安全，这为灾后的恢复工作带来了一定的难度；同样64岁及以上人口数可以反映出部分无劳动能力群体的比例，年龄较大的老年弱势群体也会影响到灾后的恢复问题。

3. 环境韧性

从特定方面来讲，环境状态也是一个地区恢复能力重要的影响要素，不同的环境状态会影响到当地生态方面的自我恢复能力。本书选择年均降水量、年均气温、NDVI 3项指标构建环境韧性指标层。降水量的多少是影响一个地区洪涝灾害的主要因素。适当的降水量有助于流域内的生态发展，但降水量一旦过多，将会带来严重的洪水问题，因此降水量作为环境韧性评价指标是十分重要的；一个地区的气温高低会影响着这个地区的整体环境，而极端天气又会引发各种气象灾害，进而影响着区域的恢复能力；NDVI 是反映植被覆盖率的一个重要的指标，植被对于水土保持等方面有着积极的作用，在发生洪涝、泥石流灾害的时候能够有效地减少雨水对土壤的冲击力，植被覆盖得越多其内部生态自我恢复能力也就越强。

4. 组织韧性

组织的韧性反映了一个地区软件条件的综合实力，本书选取了中等专业学校在校学生数量、每万人拥有卫生技术人数、每万人拥有卫生机构床位张数这 3 个指标、构建组织韧性指标层。一个地区的在校学生数可以体现一个地区受教育程度的发展水平，这些人在灾害来临时能够及时应对并提供解决措施，利用自己所学的应灾、救灾知识去及时帮助周围的人，进而在第一时间减少灾难的伤害；而一个地区的卫生技术人员的多少和卫生机构床位的数量会直接影响到灾后伤亡治疗的速度，数量越多人们的灾后治疗就会越完善。

5. 基础设施韧性

基础设施韧性体现一个地区的硬件条件，关乎到灾后恢复的力度。选取供水综合能力、排水管道长度、人均拥有道路面积、公路货物周转量、建成区绿化覆盖面积这 5 项作为评价指标。供水综合能力反映出一个地区基础设施建设的完善程度，关系到受灾后能否及时为群众提供用水；排水管道长度会直接影响到洪涝灾害发生后的城市内涝问题；人均拥有道路面积则关系到灾害发生后的人员疏散问题，道路面积越多，人员疏散越快，城市内的救灾物资也能尽快地分发到个人的手中；公路货物周转量的多少能够直观地反映出这个地区的货物周转能力，灾害发生后能否及时地将救灾物资运输到指定地区，进而确保当地受灾人员的安全问题；灾害发生时公园绿地等空旷、安全的场所往往是人们最佳的避难场所。

7.3 脆弱性-韧性相关性分析

根据脆弱性-韧性相关性分析折线图（图 7.3），可以得到以下几个分布规律。

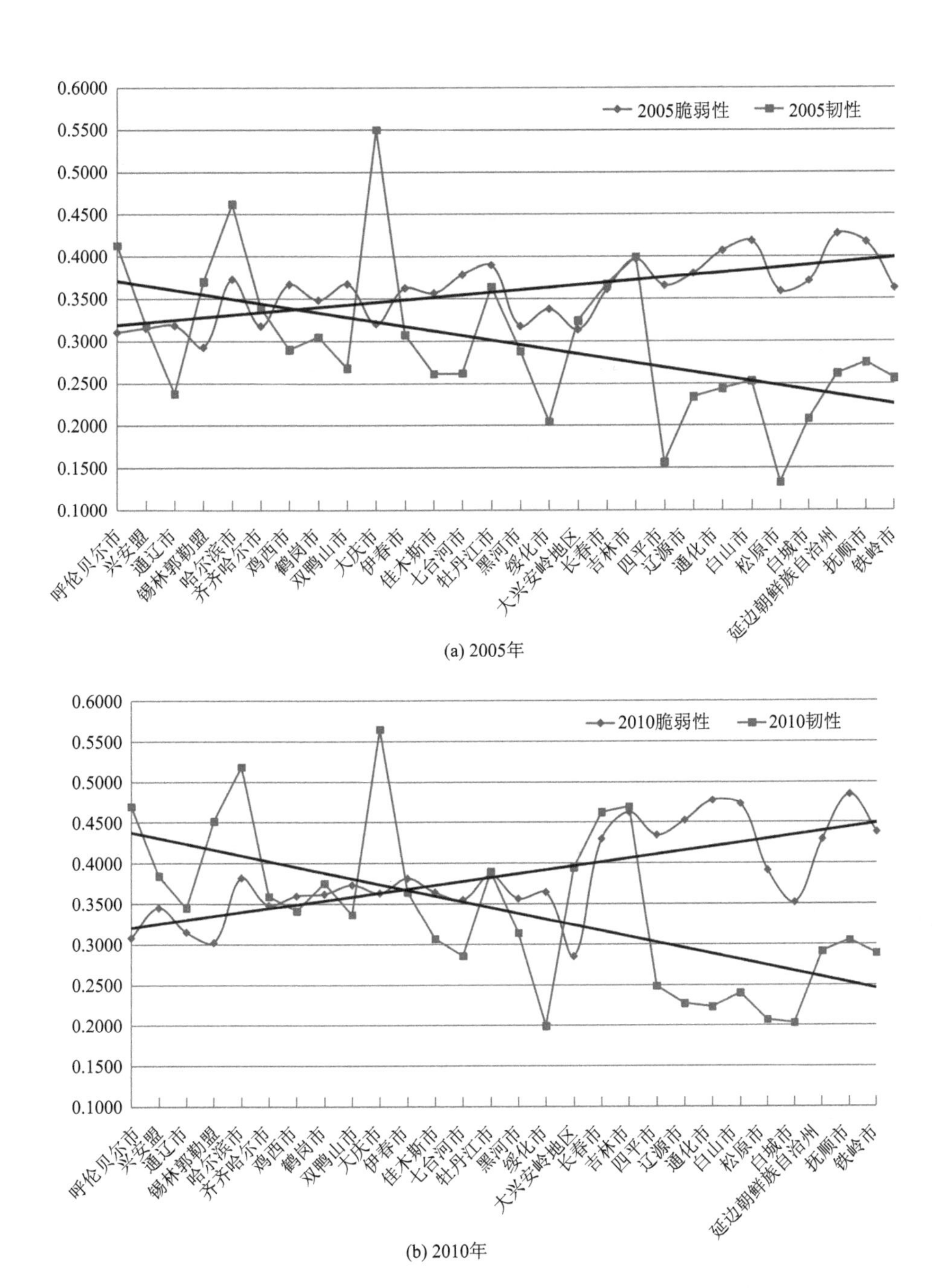

(a) 2005年

(b) 2010年

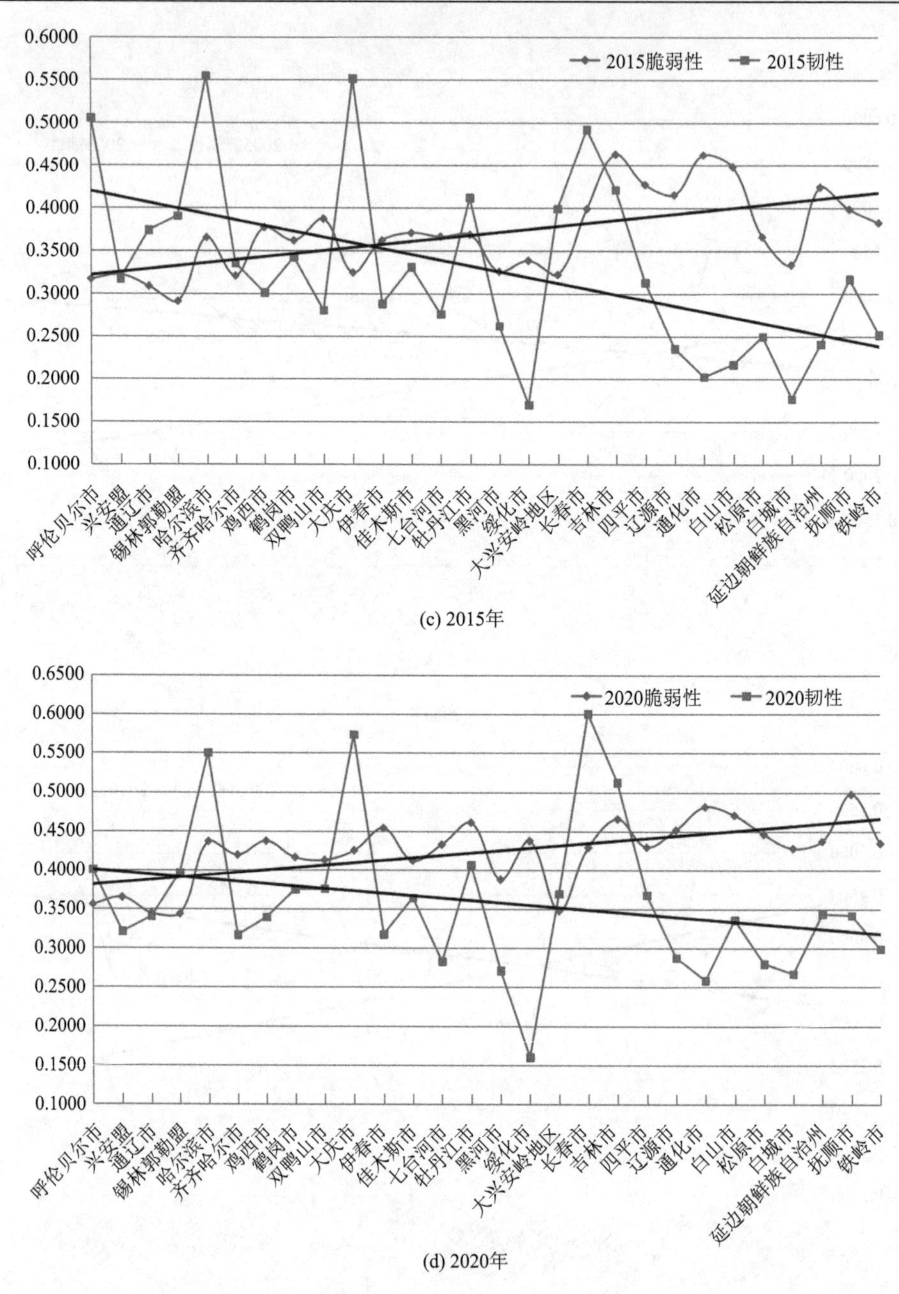

(c) 2015年

(d) 2020年

图 7.3　脆弱性-韧性相关性分析折线图

（1）脆弱性较高的地区韧性相对较低，反之脆弱性较低的地区韧性相对较高，且整体呈现一个较为规律的线性趋势。不同年份间脆弱性与韧性的趋势走向有所不同，2005 年与 2020 年的趋势线方向大体接近，而 2010 年与 2015 年的趋势线方向大体接近。其中流域内的内蒙古自治区及黑龙江省内的几个地区呈现出脆弱性较低、韧性较高的现象，而其他地区则呈现出脆弱性较高、韧性较低的现象。脆弱性较高、韧性较低的地区普遍分布在流域的南部地区，而脆弱性较低、韧性较高的地区则大部分分布在流域的北部地区。

（2）虽然从整体上看脆弱性与韧性分布趋势均较为规律，但也有几个特殊的地区偏离整体趋势线，这与不同地区的影响因素有关。从折线图可以看出，在 2005 年，哈尔滨市、大庆市、吉林市、长春市呈现出与趋势线不同且高于整体分布趋势的状态，这是由于这几个城市有着影响韧性的优势因素存在。如哈尔滨市的就业人员数及公路货物周转量是当年流域内最高值，GDP、居民可支配收入也名列前茅，自然环境的优势也十分突出。吉林市和长春市则有着较为突出的粮食产量优势，两地区 GDP 也名列前茅，且吉林市供水综合能力是当年流域内最高的，长春市的排水管道长度为当年最大值。大庆市最大的优势是当地全体居民人均可支配收入为当年流域内最大值，每万人拥有卫生技术人员数和每万人拥有卫生机构床位数均名列前茅。这些优势使得这 4 个城市的韧性值均高于整体趋势。而通辽市、绥化市、四平市、松原市的值与总体趋势相比相对较低，这几个城市都有城市人口密度偏高、儿童和老人数量偏多这几个共同的特点，这些因素则使得其韧性指数偏低。

（3）2010 年整体趋势还是保持之前的走向，在 2005 年数值小于整体韧性趋势的 4 个城市中，四平市、松原市已经恢复到与整体趋势持平的状态，绥化市、通辽市依旧呈现偏低的状态，哈尔滨市、大庆市、长春市、吉林市依旧呈现偏高的状态。大兴安岭地区、白城市开始出现低于脆弱性分布趋势的现象，这两个地区人口分布密度较低，环境的承载压力较轻，且这一年大兴安岭地区为流域内 NDVI 值最高的地区，这些因素都影响着区域的脆弱性。

（4）2015 年与 2010 年相比，哈尔滨市、大庆市、长春市、吉林市依旧偏高，兴安盟、绥化市的值要比整体趋势偏低，通辽市已恢复到与整体趋势持平的状态。2015 年兴安盟地区人口增长率偏高，且中等专业学校在校学生数相对较少，供水综合能力也位居后位。吉林市呈现出高于脆弱性整体分布趋势的状态，这是由于 2015 年吉林市人口总数偏高，环境承载压力较大，且年均降水量较多，流域易发生暴雨和洪涝灾害等问题。

（5）2020年哈尔滨市、大庆市、长春市、吉林市的值依旧比整体韧性分布趋势偏高，绥化市的韧性值依旧偏低，兴安盟的韧性值则恢复到整体趋势范围内。吉林市脆弱性也恢复到整体趋势范围内，大兴安岭地区开始呈现出比整体脆弱性分布趋势偏低的状态，这得益于当年区域内较低的人口总数，和较高的NDVI值。

7.4 本章小结

本章根据研究区的自然条件和土地利用特点，从物理脆弱性和社会脆弱性两方面构建区域脆弱性分析框架；从经济韧性、社会韧性、环境韧性、组织韧性及基础设施韧性五个维度构建韧性评价指标体系；建立基于松花江流域洪灾脆弱性和韧性耦合评价模型；对脆弱性与韧性进行相关性分析，表明二者之间有较为规律的线性关系。

第 8 章　韧性乡村建设激励与途径研究

8.1　SWOT-AHP 分析策略

8.1.1　SWOT 策略

SWOT 分析是现阶段应用较为广泛的一种策略规划方法，用于评估研究项目的未来规划发展趋势。这个过程包括确定研究项目的具体目标，确定影响流域韧性提升的指标因素，将各指标因素按照其重要性分别划分到优势、劣势、机遇、威胁四个小组内，进而对系统进行分析。但这些分析大多数为定性分析，较少地涉及到对定量分析的研究，这使结论的精确度大大降低。Mikko Kurtila、胡群等学者将以往的 SWOT 分析与 AHP 方法结合，用定量分析的方法提升策略的准确性及合理性，并加入战略四边形、极坐标等概念来确定策略方向的强度，使其更适用于本书的研究方向。

首先要选择对松花江流域韧性有影响的指标，根据松花江流域韧性评价结果和其得分情况，选择得分较高、较为适宜松花江流域特点的指标作为优势指标，选取得分较低的作为劣势指标。再根据数据间的关系及松花江流域的自身特点，以及对松花江流域自然人文的综合调查，分析出机遇和威胁影响因素。

1. 松花江流域韧性提升优势

公共基础设施的完善和健全是一个区域韧性提升的基础，流域内各地区有着稳定的供水系统和排水管道系统，在遇到灾害时能够有效地采取应对措施；区域内交通发达，公路货物运输量大，灾害发生后能够及时补给救灾物资；区域内环境质量较好，植被覆盖度高，这对于灾后区域的自我恢复有较大的帮助；各地区经济发展水平高，粮食产量较高，灾害发生后在经济方面能够迅速起到支撑作用。

2. 松花江流域韧性提升劣势

一个地区所能承载的人口和社会活动是有限的，地区内人口自然增长率较高，城市人口密度大，一旦超过环境所支撑的极限，将会带来一系列影响平衡的变化，这对当地的人均自然资源及人均社会资源都有着较大的影响；洪涝灾害一直以来都是松花江流域的主要问题之一，而流域内季节性的高强度降水是致使其频发的原因之一。松花江流域在每年的7～9月会迎来一次夏汛，由于流域内外流河较少，降水不能及时注入海洋，且在这期间由于降水强度大、持续时间长等原因，最终导致流域内洪涝灾害频发，这也是影响流域韧性提升的劣势因素之一。

3. 松花江流域韧性提升机遇

医疗机构从业人员数及医疗设施是否完善将直接影响到灾后恢复重建等一系列问题，应当抓住机遇发展和完善医疗设施，增加医护人员数量；加强安全教育知识的普及，提升全民受教育程度，及时对人们进行安全宣教，学会灾害发生时做出自我保护等应对措施；就业形势良好，人人均有稳定收入的工作，居民自己可支配的收入也较高，遇到灾害时，人们的损失会相对较小。

4. 松花江流域韧性提升威胁

无法应对的极端天气是影响流域韧性提升的一大威胁，松花江流域所处纬度偏高，冬季冰冻期较长，常有冻害发生。年内温差较大，流域内7月温度最高可达40℃左右，1月温度最低，曾达到–42.6℃；流域内各地区不同年龄人群的占比多少也对韧性有着影响，青年劳动力占比多少将直接反映到灾后重建的速度及进程。若老年人和小孩这类弱势群体偏多，当灾害发生时，他们的自我保护能力较弱，劳动能力较低，在面对风险灾害时受到的影响也会相对青年群体较多。

结合以上不同观点综合考虑，列出松花江流域韧性提升 SWOT 矩阵，如表8.1所示。

表8.1　松花江流域 SWOT 分析矩阵

优势（Strength）	劣势（Weakness）	机遇（Opportunity）	威胁（Threat）
S1 稳定的供水综合能力	W1 人口自然增长率较高	O1 医疗机构从业人员数量	T1 无法应对的极端天气
S2 完善的排水系统	W2 城市人口密度较大	O2 医疗设施完善程度	T2 青壮年劳动力较少
S3 区域内交通发达	W3 环境所承载人口较多	O3 应对灾害的能力	T3 老年人口和儿童占比较高
S4 公路货物运输量大	W4 季节性的高强度降水	O4 居民人均可支配收入	
S5 区域内环境质量较好		O5 就业率较高	
S6 各地区经济发展水平较高			
S7 区域内粮食生产量较高			
S8 流域内植被覆盖度高			

8.1.2　AHP 分析计算

分别对各指标因子进行评分，评分区间为[–10，10]，评分为正则表示该影响因素对于流域韧性提升起正向作用，即为优势或机遇；评分为负则表示该影响因素对于流域韧性提升起负向作用，即为劣势或威胁。得分的绝对值越大表示影响效果越明显。运用 AHP 与 SWOT 相结合的方法计算各指标权重。根据式（8-1），计算各指标的加权分数 P_i。

$$P_i = W_i \times K_i \tag{8-1}$$

式中，W_i 为指标权重，K_i 为每个指标评价所得分数。结果显示各层次 CR 值均小于 0.1，说明数据的一致性较好，结果可以使用，如表 8.2 所示。

表 8.2　SWOT 权重计算结果

准则层	CR	各组权重	指标层	CR	各组内权重	综合权重	指标评分	加权分数
S 优势	0.0116	0.4668	S1	0.0428	0.1952	0.0911	9	0.8199
			S2		0.1380	0.0644	8	0.5152
			S3		0.1641	0.0766	8	0.6128
			S4		0.2321	0.1083	9	0.9747
			S5		0.1203	0.0562	7	0.3934
			S6		0.0605	0.0283	5	0.1415
			S7		0.0528	0.0246	5	0.1230
			S8		0.0371	0.0173	3	0.0519
W 劣势		0.1603	W1	0.0539	0.5011	0.0803	–4	–0.3212
			W2		0.2433	0.0390	–6	–0.2340
			W3		0.1720	0.0276	–7	–0.1932
			W4		0.0835	0.0134	–8	–0.1072
O 机遇		0.2776	O1	0.0638	0.3509	0.0974	7	0.6818
			O2		0.2659	0.0738	6	0.4428
			O3		0.2015	0.0559	6	0.3354
			O4		0.1104	0.0307	4	0.1228
			O5		0.0712	0.0198	4	0.0792
T 威胁		0.0953	T1	0.0516	0.1396	0.0133	–9	–0.1197
			T2		0.5278	0.0503	–3	–0.1509
			T3		0.3325	0.0317	–5	–0.1585

8.2　韧性提升策略

将各组内指标分别加权求和，最后得到整体优势力度、劣势力度、机遇力度、威胁力度。

$$S = \sum_{i}^{8} T_i = 3.6324 \tag{8-2}$$

$$W = \sum_{i}^{4} T_i = 0.8556 \tag{8-3}$$

$$O = \sum_{i}^{5} T_i = 1.6620 \tag{8-4}$$

$$T = \sum_{i}^{3} T_i = 0.4291 \tag{8-5}$$

为了更直观地展示不同力度的分布特征，可以将其放在平面直角坐标系中。可以算得四边形重心点 P 的坐标，P 点所在的区域就是韧性提升策略应选择的发展方向，具体结果如图 8.1 所示。

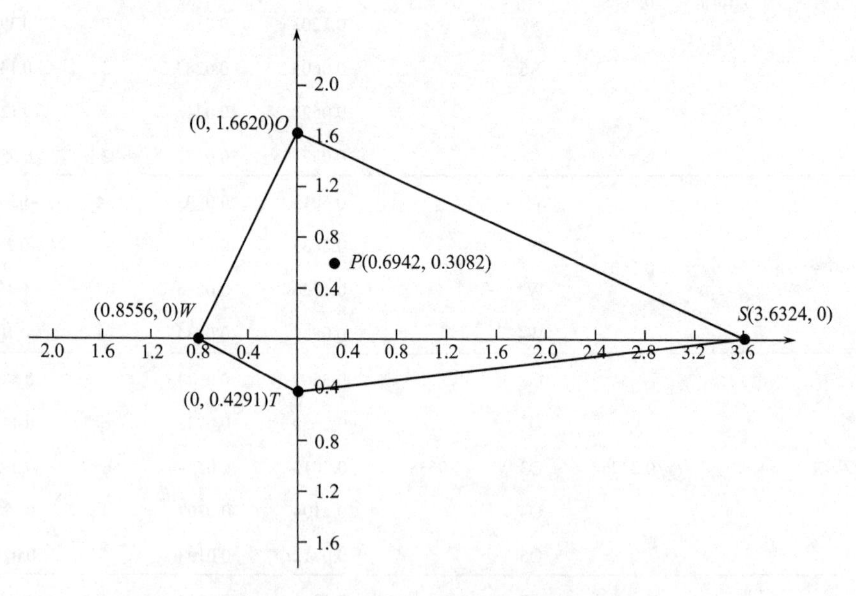

图 8.1　松花江流域韧性提升策略坐标系

确定了策略方向后，我们还需确定执行策略的具体类型及强度，是选择积极应对、创新发展，还是选择保守求稳、低风险执行。这里引入策略强度系数 ρ，具体计算公式为

$$\rho=U/（U+V），$$

式中，U 为正向强度策略 S 与 O 的乘积；V 为负向强度策略 W 和 T 的乘积。当 $\rho \geqslant 0.5$ 时，可以采取积极应对的方式，若 $\rho<0.5$，则应该采取保守稳定的应对方式。根据上文中 P 的坐标可以算出策略方位角 θ 的大小——通过反三角函数 $\theta=\arctan(y/x)$ 计算得到。具体结果如图 8.2 所示。

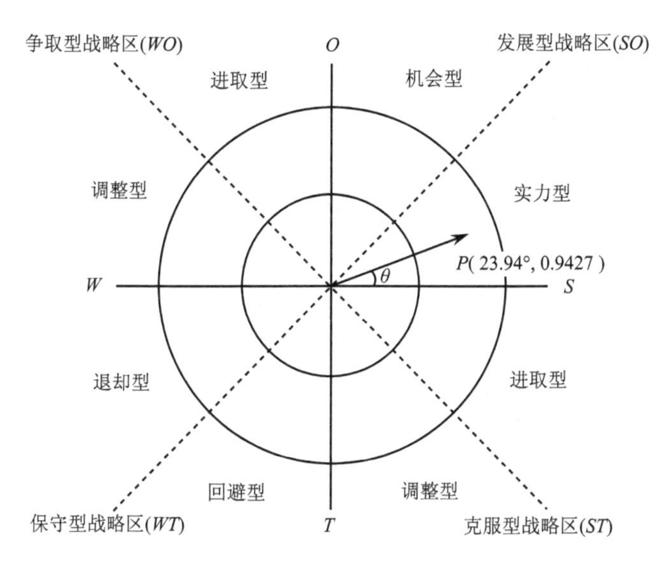

图 8.2　松花江流域总体韧性提升策略选择示意

经计算得到 θ 约等于 23.94°，应位于坐标系中第一象限的实力型发展型战略区，且 $\rho>0.5$，可以确定，在选择松花江流域韧性提升策略时应采取积极应对、发展创新的态度，依靠自身的优势及外部机遇充分发挥其作用，带动流域内的韧性提升。

8.2.1　提升经济实力

一个乡镇发展的水平最重要的体现就是经济，推动经济的发展势必带来乡镇整体发展。提高乡镇的经济实力是提升乡镇在洪涝灾害来临时抵抗力的关键所在。根据上文可以得到，乡镇的经济发展与社会发展、基础设施发展存在着一定的联系。换句话说，乡镇的经济发展水平不仅仅影响单一的经济韧性还在潜移默化中

影响其他种类的韧性。根据权重表可以看出经济的韧性高低决定了综合韧性的空间分布格局。同时整体经济实力的提升可以使得附近乡镇的韧性在空间范围上整体提升。根据经济韧性评估图上可以看到，经济韧性提高的乡镇都属于东北三省发展较好的城市。因此经济韧性较高的乡镇往往集中在省会城市附近，呈现聚集分布的特征。从空间自相关图中可以看出韧性发展较高的乡镇往往集中在一起，说明经济的发展具有一定的空间性。所以对于经济实力较弱的乡镇应加快城市化发展进度，大力发展特色产业，以提高 GDP 和人均收入，从而从多方面提高韧性。在防灾减灾综合能力的建设中，经济也是十分重要的一环，贯穿整个体系的建设过程，这也说明经济实力和防灾减灾能力呈现一种正比的关系。而对于经济落后的地区，因为经济实力不足导致对灾害的检测、灾害来临时的应急措施以及灾害发生后的整体响应不及时不充分。无法快速、稳健地进行灾后重建。松花江流域主要分布在我国的东北三省，响应国家的加强东北老工业区发展和建设号召，也是提升经济韧性最有效的方法。同时国家大力发展的城镇化建设方法也是让松花江流域内乡镇韧性快速提升的方法，城镇化不仅仅是从基础设施建设方面，同时也是经济方面。经济与基础设施方面相辅相成、缺一不可。只有相应城镇化的建设才能够提升乡镇的经济实力，更好地提升韧性。

8.2.2 加强基础设施建设

基础设施的建设也是乡镇发展的重中之重，基础设施的发展是乡镇正常运行的关键，同时也是乡镇居民生活水平质量的展现。对于乡镇而言，基础设施建设的完善程度决定了经济能否长治久安地稳定发展。目前各个国家都在号召基础设施的建设，20 世纪 30 年代的美国出现了经济大萧条，为了缓解经济大萧条的影响，美国政府出台了许多响应方案，其中就包括美国政府主导并参与的城市基础设施建设，这些完善的基础设施帮助美国提高了整体经济水平，提高了就业水平和经济实力，为美国后续成为发达国家打下了基础。对于我国，目前正处于发展中阶段，大力发展基础设施建设同样是国家的号召。我国的几个一线城市无一不以基础设施建设为起点，为后续的经济快速增长提供了坚定的基础，实现我国的先富带动后富，进而实现共同富裕的目标。同时基础设施的建设不仅仅与经济水平有关，也与社会环境和生态环境有着不可分割的关系，发展并不意味着破坏生态，良好的基础设施建设不仅仅考虑到了乡镇未来的发展，还考虑到了对环境的影响，因此加强乡镇的基础设施建设是不可缺少的一部分，同时也是我国对乡镇进行城镇化的要求。对于松花江流域的乡镇来说，应大力加强水利、排水设施以及交通运输等相关的建设力度，便于灾后进行重建和恢复。同时良好的水利设施也能从根本上减轻洪涝灾害带来的损失。而加强建设排水设施更能针对一些小型的洪涝灾害防患于未然，最大程度地减少洪涝灾害带来的各项损失。所以对于流域内的乡镇来说，应着重响应国家的城镇化建设，提升城镇化建设水平，最终达到提升松花江流域洪涝灾害韧性的目的。

8.2.3　提升社会韧性

为了达到提升洪涝灾害韧性的目的，还有一个因素也是必不可少的。社会韧性主要体现在软性系统的建设，人口的数量，14 岁以下人口的比例，以及医生的数量都是对于社会韧性提升具有积极作用的因素。人口的总数决定了乡镇的劳动力总数，最终带来的还是经济的发展和基础设施建设的完备。而 14 岁以下的青少年是我国未来发展的明天。在现代化的建设中青少年作为未来建设的主力军，决定了乡镇未来的发展程度。同时我国目前正由人口大国向人才强国进行转变，义务教育的推行使得青少年一代的受教育率大大提高，只有这样才能从根本上提升城市的经济水平和社会发展程度。对于洪涝灾害韧性系统来说，青少年的比例增加在未来进行防震减灾研究和救援重建时提供了强而有力的支援。所以目前我国也已经全面推行三孩生育政策，这也是韧性提升的不可或缺的一环。同时教育水平也是软性系统建设必不可少的部分。加强教育水平和科技人才的培养，在防震减灾、灾中救援、灾后重建方面也起到了不可替代的作用。同时教育水平的增加有利于灾后对人员进行有效地组织管理。而医生数量作为灾中和灾后的居民的保障，也影响着社会韧性的高低。古往今来洪涝灾害不仅仅带来的是洪水等灾害，还存在着灾后的卫生和救治问题，这也是洪涝灾害所带来的影响之一。因此大力加强医疗事业的发展不仅仅能够对经济起到提升作用，对软性系统也起到一定的提升作用。综上所述，在未来的松花江流域乡镇发展的过程中软性系统也应在考虑的范围内，这样才能达到韧性提升的目的。

8.2.4　着重生态保护

目前我国的大部分乡镇正处于城镇化的阶段，由于城镇化和工业化以及农业机械化的快速发展，带来许多严重的问题，环境问题造成许多自然灾害的产生如洪涝灾害、沙尘暴等。因此当前探究如何进行生态保护，生态保护如何与经济发展并存已经成为当今的热点。松花江流域内乡镇经济的发展带来经济和生态失衡的问题，人地矛盾、资源匮乏和水土流失等问题逐渐显现。目前虽然只出现了小部分地区的生态环境恶化的问题，然而生态系统作为一种千百年才能形成的较不稳定的系统，一旦受到破坏势必会带来相应的自然灾害，造成经济、社会等一系列的损失。同时需要大量的人力物力进行生态环境的修复，因此生态保护是重中之重。保护生态环境的最好办法是主动维护保持生态环境而非被迫修复。在寻求经济发展的同时也应重视生态环境的保护问题，加强对自然资源的保护和利用。同时响应国家的号召，实行退耕还林、轮作休耕、保护天然林地、加强湿地保护等措施。在基础设施建设时考虑居民区和交通用地的合理规划，寻找经济和生态发展之间的平衡，保持经济和生态共同发展，实现生态环境的稳定。只有生态环境稳定才能减少洪涝灾害的影响程度，从灾前入手彻底减少洪涝灾害的发生频率，提升松花江流域乡镇洪涝灾害的韧性。

8.2.5 全民防灾减灾教育

加强关于洪涝灾害的宣传教育，提升乡镇居民的防灾减灾能力和意识，是在洪涝灾害来临时最有效的抵抗手段。防洪抗灾不仅仅是政府的事，也是社会的事，更是居民的事。因此需要多方面协同，构建乡镇自助-社会互助-国家公助的韧性提升模型，而在此韧性提升模式中最为关键的就是乡镇自助。乡镇应充分利用相关的抗灾救灾节日，面向社会居民进行相关的抗震救灾的基础知识和相关技能的普及，提升居民的防灾减灾意识和灾害来临时的自救能力。同时针对社区进行灾害风险管理和组织协调能力的培训，提升灾害来临时对居民的组织和协调能力。注重青少年的防灾减灾意识和能力培养，从小培养学生的防灾减灾意识，提高师生的自救互救技能。在互联网蓬勃发展的今天，互联网已成为人们获取新知识的主要来源，应通过互联网的手段提升相关的防灾减灾意识，并以互联网作为手段发挥在灾中灾后阶段的应急响应。只有这样才能够提升松花江流域乡镇洪涝灾害韧性，减少洪涝灾害所带来的影响。

8.3 松花江流域区域建设意见

地区防灾减灾建设、加强松花江流域洪灾脆弱性管理，需要提高区域洪灾风险管理能力，对洪灾的风险管理也需要科学的体系来提供支撑。这不仅体现为灾后应对，更体现为灾前的防范，体现为因地制宜的常态化管理，总而言之，必须建立一个全面的洪灾风险管理体系。对灾害的管理，永远都是规避预防第一，在保证灾前准备的基础上完善救灾能力和救灾效率。因此综合前文的分析结果，本章从五个层面出发对降低松花江流域洪灾脆弱性提出以下意见。

8.3.1　完善洪灾预警监测、救援救灾系统

松花江流域的气候条件和特殊的地形地势导致该区域洪灾易发，在这个前提下，防灾救灾系统的管理就显得尤为重要。想要把握好松花江流域的洪灾治理工作，具体需要从四个方面入手。

1. 注重洪灾风险监测与预警

在面对自然灾害的问题上，首先应该做到的就是完善灾害监测预警系统。成功、准确的灾害预警可以让政府对突发事件做出更好地决策和判断，也能够让群众提前对洪灾发生做好准备，减少人员伤亡和财产损失。在加强对松花江流域降水量及河流径流量的监测方面，应当做到结合实际情况设置精准的预警线，在汛期及暴雨发生时及时更新数据、向上汇报，为洪灾预警提供及时有效的数据支持。

在防汛实地工作方面，应该认真开展汛前准备工作，对水利水电工程、河道及江河堤防护岸工程、应急水毁修复工程、沿河场镇、山洪、水文监测预警设施、地灾点开展排查。完成水毁水利设施修复项目，对威胁学校及大型人员聚集场所的隐患项目实施治理，对城区易堵隐患点进行全面排查并制定实施整治计划。同时，切实做好应急准备工作，开展常态化风险分析研判和临灾会商研判，通过预警平台发布预警短信，实现预警到村、到户、到企、到人。

2. 确保出现紧急情况时救援系统及时高效

在洪灾发生后，政府的救援效率能够极大程度地影响地区的洪灾损失。及时的救援体系可以直接减少受灾群众的人员伤亡数量，这就要求洪灾救援队伍有过硬的素质，掌握洪灾救灾的相关知识，接受系统培训、按时进行演习等措施都可以确保救援队伍的质量。只有救援队伍的充分准备还不足以建立完整救援系统，想要确保救援行动的时效性，还需要政府及相关部门领导层加以重视，在洪灾易发频发期做到 24 小时轮值值班，时刻保持联络方式畅通，做到一旦发生灾害能够马上部署安排，第一时间为救援行动协调交通、调度物资。除此之外，在救援的方向上，应该提前掌握脆弱性较高、洪灾发生受损情况较严重的地区情况。当大面积的洪涝灾害发生时，在救援安排计划合理的基础上，能够优先对受灾严重的高脆弱性地区进行救援与安置，确保受灾群众的生命及财产安全。

3. 完善社会应灾体系的建设

区域的洪涝灾害管理首先需要政府起到领导作用，但只有政府的领导在真正进行灾害救援时难免乏力。因此，在洪灾风险管理上，不仅需要政府的领导更需要社会、媒体和集体积极响应。社会响应政府号召、媒体配合进行宣传及倡导、相关集体积极进行培训遵守制度都能从不同层面提高地区对洪灾的管理和认识，帮助洪涝灾害风险管理预期效果的达成。

4. 积极应对区域环境特性，完成从易发洪水到水能资源丰富的转变

除此之外，注重区域特点，将高风险转化为高收益是对松花江流域洪灾风险管理的质量升级。例如，研究区内流域的山地和平原之间具有明显落差，这种地势特点使得发生暴雨时洪涝灾害风险加剧。但从积极的角度来看待松花江流域的特殊地形可以发现，这种地势组合增加了河床的纵坡，加上松花江流域水量丰富，如果能加以利用，该区域就拥有了优厚的水力资源。

8.3.2 促进经济高质量发展，推动产业结构升级

经济发展虽然是老生常谈，但经济发展的重要性是不可忽视的。从脆弱性评价结果来看经济脆弱性和人口脆弱性是成反比的，这说明经济的发展还有需要注重和完善的方面。从洪灾风险管理的角度来讲，经济发展是优化社会基础设施、完善社会保障的基础。要想实现松花江流域经济的健康发展，可以从三个方面进行。

1. 注重产业结构的升级调整

想要升级产业结构，就要注重第三产业在经济生产总值中所占的比例。综合来看，第三产业的增加既可以降低地区的经济脆弱性，又可以推动区域经济向高水平发展，所以对第三产业的调整和优化是当地政府部门值得关注的方向。在发展松花江流域的第三产业时，需要重视对科学技术和新信息的采纳运用，政府应该加大在该方面的经济扶持和政策支持，对高等院校和科学研究部门给予充分重视，从而促进相关的高新技术产业的发展，给第三产业的发展增添活力。只有真正以科学背景、高新技术为内涵的第三产业发展成为该区域的主导产业，才能实现区域第三产业的结构优化，才能完成松花江流域产业结构的高级化过程。

2. 实现实体经济高质量发展

“经济高质量发展”的理念在党的十九大一经提出就已经引起了多方重视，这已成为当前的热议话题，这说明高质量的经济发展理念符合当今社会需求，是我们经济发展的新要求、新目标。想要推进区域经济高质量发展，首先要完成经济发展观念的转变——放弃追求机械的数值增加而真正踏实地发展优效经济。例如，许多地区都有公共设施不断翻修的情况，这类施工的确可以从数值上拉高区域经济的产值，然而从长远的角度来考虑，这不仅是资源和劳动力的浪费，也会给人们的生活带来不便。经济的发展归根结底还是为了给人民带来良好的生活环境，提升人民的生活质量，如果单纯为了发展经济而提升产值，却给人们的日常生活带来不必要的麻烦，这就是本末倒置、得不偿失了。经济发展只有真正便民利民才会有健康良好的状态。想要做到经济发展理念的完美转变，就要有相应的考评标准，要做到综合考量、注重质量、重视民生。另外在实体经济的发展上，企业的发展环境值得关注。政府应该以“简化办事流程，完善监督监管程序”的管理方案为核心，优化营商环境，为企业发展提供便利，鼓励企业发展进而为区域经济注入活力。

3. 注重经济与社会的平衡发展

追求经济发展，从洪灾风险管理的角度来看，是因为经济的发展能带来区域脆弱性的降低；从民生的角度来看，是因为经济发展能提高人民的生活水平。所以在经济发展的同时，社会资源的分配及其对环境的影响问题就不容忽视。从对松花江流域系统层脆弱性的评价研究可以看出，随着经济的发展，经济相对发达的地区不可避免地出现了人口问题，虽然目前的评价结果显示城市及其周边地区脆弱性状况最好，但人口脆弱性不可避免地拉低了这些地区的评价结果进而影响到松花江流域整体的洪灾脆弱性水平。

8.3.3　改善城乡基础设施，完善社会结构建设

社会结构脆弱性极大程度地影响松花江流域的洪灾脆弱性，因此面对社会结构方面要给予足够的重视，具体有以下几个方面。

1. 加强基础设施和防洪设施的建设

基础设施和防洪设施都是对抗洪灾、降低洪灾脆弱性中重要的因素，只有对

基础设施和防洪设施加以重视，建设高质量的防洪堤坝、水库和公路铁路等，才能把经济发展带来的脆弱性降低落到实处。水利措施是抵抗洪灾的根本措施，防洪堤坝和水库的修建能够直接影响地区的容水量从而降低洪灾发生的概率，而基础设施的数量和质量则关系到灾害发生时受灾地区的物资运输、通信生产等活动能否正常维系。落实高质量的防洪设施和基础设施，是松花江流域降低洪灾脆弱性的关键步骤。

2. 完善社会保障制度

完善社会保障制度主要指两个方面：一是对弱势群体的救助，需要提高覆盖率。弱势群体在面临洪灾时遭受的损失对于个体而言可能是毁灭性的，所以政府要完善对弱势群体的认定程序、明确对弱势群体的帮扶内容以及对弱势群体发生受灾情况时予以关心帮助等。二是对医疗救助人员的保障。医护人员作为医疗救助的关键角色，在灾害发生时对降低受灾群众伤亡率具有重大意义，然而目前多数医护人员的薪资水平待遇不能够匹配其辛劳程度，长此以往医护人员的流失会形成严重的问题，对医疗队伍的建设和医护人员的心理都会造成负面影响。因此重视医护人员的生活和经济保障同样也能有效降低区域的社会结构脆弱性。

3. 对社会管理和组织人员进行严格的筛选和管理

政府需要能够和基层人民畅通地交流，才能确保真正了解人民所需。这就需要确保在社会管理和组织人员的选择上谨慎严肃，并对其进行监督管理，才不会使得权利滥用现象的出现。

8.3.4 提高民众文化水平，加强社会文化建设

1. 提高民众的受教育水平

教育水平虽然不能直接改变民众的经济收入等硬性的抗灾指标，但文化程度越高意味着民众接受信息的能力越强，在灾前信息获取、灾中风险规避、灾后配合政府重建家园方面都会有更好的表现。因此政府应该加大宣扬教育的重要性，引导民众向学好学的风气，还应该向民众普及高等教育期间可以获取的补助奖金贷款等信息，帮助更多想接受高等教育却受经济条件制约的贫困家庭消除误解，帮助更多贫苦学子完成学业。

2. 增强民众互动和信任感

由于松花江流域面积广大，在人口的民族构成上有汉族、朝鲜族和蒙古族等，因此不同民族的人民在文化习俗上可能存在差异。这种差异造成了民众之间缺乏相互的了解且可能进一步产生矛盾和偏见，这种不友好的社会环境可能会造成弱势群体生活得更加困难。一旦发生洪涝灾害，在获得救援时也可能存在资源分配不公、沟通困难等问题，不利于救灾行动的展开。想要避免类似问题，提高救灾效率，首先需要政府对弱势群体多予以关注和交流，了解弱势群体的生活和需求，增加民众对政府的信任感；其次还应该鼓励民众之间加强交流，增进了解，消除彼此间的隔阂，使民众之间和谐相处。

3. 做好洪涝灾害宣传引导工作

由于洪涝灾害是松花江流域的主要灾害，只有政府对其做出充分准备是不够的。政府应该引导民众平时对洪灾预警多加关注，但不信谣传谣造成恐慌，注意管控消息发布渠道，对官方平台多加宣传；带领民众学习面临洪灾时的紧急救援知识，并引导民众在洪水消退后积极主动地参与到家园的修复和治理当中。

8.3.5　优化人口结构，降低人口脆弱性

1. 大力引育人才，提高人口素质

地区的活力在经济，经济的活力在企业，企业的活力在人才。想要降低区域灾害脆弱性，增强抗灾适灾能力，归根结底需要提高人口素质。政府可以加大招引、留住人才的政策激励，重点解决人才就医、子女就学、创新平台建设等更高层次需求，开辟高端人才省级医院就医绿色通道，采取强化本土人才培养，加大对大学生回归创业发展支持，建立高技能人才与工程技术人才互通机制等策略。

2. 加强对妇女儿童的权益保障，降低妇女儿童在面临灾害时的风险

由于各种历史及社会因素，女性人口在面临洪灾时被定义为弱势群体，为了改善这种状况，应该大力促进女性平等就业，规范企业招工行为，落实男女同工同酬等政策，保障女性的劳动权益。儿童作为缺乏自理能力的群体，其权利的保障同样值得关注。松花江流域大部分地区均属于乡镇，城市仅占小部分。在这种情况下，义务教育普及的政策还需要贯彻执行，加大力度为贫困地区困难群体倾

注教育资源，关注留守儿童的教育问题同样能够降低地区的人口脆弱性。

3. 残疾人社会保障体系和老龄事业的发展完善

由于残疾人和老年人在面临洪灾时同样属于高脆弱性人群，因此这两个群体的权益保障政策同样值得关注。在残疾人的社会保障体系方面，首先要做到残疾人生活补贴的发放到位，其次对残疾人福利管理机构的监督和康复辅具企业的管控要到位，杜绝渎职垄断的可能，为残疾人生活提供保障。养老服务业的关注重点在于养老院的监管，另外加大社区对老年群体的关注度，及时关心老年群体的身体和心理健康同样是老龄事业中不可忽视的环节。

8.4 本章小结

本章基于 SWOT-AHP 对系统进行定性和定量分析；从经济实力、基础设施建设、社会韧性、生态保护以及全民防灾减灾教育等方面，提出流域韧性提升策略。对降低松花江流域洪灾脆弱性提出以下建设性建议：完善洪灾预警监测、救援救灾系统；促进经济高质量发展，推动产业结构升级；改善城乡基础设施，完善社会结构建设；提高民众文化水平，加强社会文化建设；优化人口结构，降低人口脆弱性。

第 9 章　结论与展望

9.1　结　　论

在气候变化加剧和灾害研究不断发展的背景下，随着学者们对区域差异的日渐重视和社会发展对精准防灾减灾的需求增加，区域的灾害研究提出了更高要求。通过降低脆弱性来控制灾害风险，减少灾害损失，已经成为抵御自然灾害的有效途径。本书以松花江流域为研究区，运用 ArcGIS、yaahp、Fragstats 等相关软件对流域内的遥感数据、社会经济数据进行处理，并对其做出具体分析。针对松花江流域目前的区域特点和灾害现状，以松花江流域各乡镇为研究对象，选取人口密度、人均 GDP、高程、坡度、坡向、植被覆盖度、年均降水量、年均气温、景观多样性、生物丰度和居民点干扰作为指标因子，以指标评估法评价松花江流域洪灾脆弱性及韧性，从空间角度分析松花江流域生态脆弱性、松花江流域洪灾脆弱性、韧性的分布规律和分布特点，根据各指标对流域脆弱性、韧性的影响程度进行分析。本书基于 SRP 模型构建松花江流域生态脆弱性评价体系，基于 DORP 模型进行松花江流域脆弱性-韧性耦合类型分析以及脆弱性-韧性耦合类型情景模拟，按照不同流域尺度把松花江流域分为嫩江、西流松花江和松花江干流，分别进行生态脆弱性时空分异分析，利用主成分分析方法研究松花江流域生态脆弱性的影响因素，并从空间角度和时间角度对流域的脆弱性、韧性分布特点及变化规律进行分析。将分析的结果与 SWOT 模型结合，模拟出一套适合于松花江流域特点的韧性提升策略。研究结果如下:

（1）构建了松花江流域洪灾脆弱性评估的指标体系，在 SoVI 指标体系的基础上，确定影响洪灾脆弱性的 19 个因素，主要包括弱势群体指数、人口压力指数、弱势职业指数、经济发展指数、社会组织指数、社会文明指数和环境指数等。利用主成分分析法和 AHP 层次分析法相结合的方式确定权重，通过量化各脆弱性指标，计算各乡镇的洪灾脆弱性指数。结果表明松花江流域整体属于中等偏高水平，中值区与中高值区交错分布于整个研究区，低值区和中低值区主要以城市为中心分布。在各系统层方面，吉林省、黑龙江省、内蒙古自治区各有优缺点，总体水平上黑龙江省略好。

（2）综合松花江流域洪灾脆弱性评价结果和空间自相关分析结果可以发现，环境脆弱性受降水和地形的影响非常明显，但从总体的洪灾脆弱性来看，松花江流域的脆弱性并不完全由环境脆弱性控制。与综合的洪灾脆弱性分布最相近的是人口脆弱性和社会结构脆弱性，这说明了人类社会和社会结构的存在可以很大程度地影响生活区域的脆弱性高低，防洪设施的建设、社会保障制度的健全和政府机构的重视都能够极大程度降低区域洪灾脆弱性，也说明社会群体在抵抗洪灾风险方面做出了正向的成果。

（3）2005 年松花江流域的微度脆弱区主要位于东部，少量位于西部，极少数位于松花江流域中部，轻度脆弱区集中在松花江流域的西北部、东南部和中部。中度脆弱区最大，面积为 172270km^2，广泛位于松花江流域的大部分地区。极度脆弱区最小，面积为 39848.2km^2，主要呈面状分布在城市地区；2010 年松花江流域微度脆弱区分布于东部、北部和西部地区，轻度脆弱区集中在西北部和东南部地区；中度脆弱区同时也作为面积最大的地区，广泛分布于大部分流域，面积为 166531km^2；重度脆弱区分布在中部和北部，极度脆弱区也集中在城市地区；2015 年松花江流域的微度脆弱区分布于松花江流域的北部和中东部，轻度脆弱区集中在西南部，面积第二大的中度脆弱区广泛分布于松花江流域，流域的西北部和南部多为重度脆弱区，少部分位于松花江流域的中部，极度脆弱区还是多分布于城市地区；2020 年松花江流域的微度脆弱区多分布在流域西部和东部地区，而轻度脆弱区在流域西南部、南部、中部和东部的大部分地区，中度脆弱区集中在流域中部，少部分在流域西北部，重度脆弱区位于流域的东部、中部以及西北部，极度脆弱区主要位于松花江流域中东部。

（4）对松花江流域进行不同尺度下的流域生态脆弱性研究发现，嫩江流域极度脆弱区面积持续减少；西流松花江流域微度脆弱区面积呈先减少后增加的趋势，极度脆弱区面积呈先增加后减少的趋势；松花江干流微度脆弱区和轻度脆弱区的面积则呈先减少后增加趋势，中度脆弱区面积一直在减少，重度脆弱区面积先增加后减少，极度脆弱区面积先增加后减少。

（5）利用主成分分析对松花江流域生态脆弱性影响因素进行分析，研究表明，自然因素和人为因素的综合作用对生态脆弱性产生影响。其中人均 GDP、人口密度、植被覆盖度和年均降水量等对松花江流域生态脆弱性影响较大，人均 GDP 代表经济因素，经济的发展对环境会造成较大改变；人口密集，导致生态环境承载压力过大，从而加重区域生态脆弱性；植被覆盖度的变化直接影响区域的生态环境；降水作为气象因素更是对生态环境具有举足轻重的作用。

（6）结合指标评估结果及空间自相关分析结果，从洪灾风险、经济发展、社会结构、社会文化和人口素质的角度对松花江流域提出减灾策略和措施。具体可概括为完善洪灾预警监测、救援救灾系统；促进经济高质量发展，推动产业结构升级；改善城乡基础设施，完善社会结构建设；提高民众文化水平，加强社会文化建设；优化人口结构，降低人口脆弱性。

（7）松花江流域乡镇洪涝灾害韧性评价指标体系的构建，从经济、社会、环境、社区、基础设施、组织等六个方面入手，选取 25 个相关指标进行评估。分别为：人均 GDP 、第三产业占比、就业率、高层建筑占比、人口总数、14 岁以下人口比例、64 岁以上人口比例、人口密度、移动电话数量、医生数量、降水量、年均气温、土壤保持生态价值、NDVI、地形起伏度、河流长度、防洪设施数量、公共管理和社会组织人员占比、低保家庭占比、学校数量、人均道路长度、互联网用户数量、失业保险覆盖率、医疗保险覆盖率、党员数量。部分指标数据难以获取，通过数据空间化和插值方法进行获得。通过 IFAHP 与熵权法进行结合构建权重，最终通过 TOPSIS 进行韧性评价。

（8）通过对松花江流域乡镇洪涝灾害韧性指数的研究，可以发现松花江流域乡镇洪涝灾害韧性不容乐观，中韧性及以下的乡镇数量占据了总体乡镇数量的 96.29%，而高韧性及较高韧性则仅仅占据乡镇总数的 3.71%。乡镇的 GDP 总产值的缓慢增长严重影响到了乡镇的经济发展水平，进而导致韧性不足。在空间方面发现，不同韧性等级的分布与上、中、下游存在密切的关系，同时省会附近多聚集韧性较高的乡镇。说明韧性与经济发展程度和上、中、下游的分布具有密切关系。从影响因素层面看，影响乡村洪涝灾害韧性的主要因素不仅仅包含经济发展水平和基础设施建设还包括了相应的社会发展程度。所以为了提高韧性应着力发展乡镇经济，在乡镇经济发展的同时保持乡镇生态环境。

（9）结合现有的国内外研究进展，总结前辈学者们的观点，经研究分析得出脆弱性和韧性并不是对立的关系，因为韧性是系统在不同环境下的一种状态转换，而脆弱性是指系统在同一稳定结构模式内的结构变化。韧性与脆弱性的某些特性相互联系，因为影响两者强度的因子很多都是相同的。若有些因子强度过高会使得系统的脆弱性升级，若强度降低则会使系统的脆弱性降低，但同时系统的韧性就随之升高。不同地区的脆弱性与韧性关系会与其自身影响因子有关，有的会呈现出高脆弱性-高韧性的状态，有的会呈现出高脆弱性-低韧性的状态，部分地区会呈现出低脆弱性-高韧性的状态，部分地区也会呈现出低脆弱性-低韧性的状态。

（10）本书参考 SoVI 指标评估体系，利用主成分分析法和 AHP 层次分析法相结合判定指标权重，构建科学的脆弱性指标体系，从人口、经济、社会结构、社会文化和自然环境 5 个层面建立松花江流域乡镇地区的洪涝灾害脆弱性评估体系。基于地理学的空间视角，对松花江流域各乡镇洪涝灾害的脆弱性展开了空间格局分布研究，分析了松花江流域的脆弱性空间分布特点，探讨了松花江流域洪灾脆弱性与系统层脆弱性的内在关系，在此基础上从洪灾风险、经济发展、社会结构、社会文化和人口素质的角度提出减灾策略和措施，为地区防灾减灾及可持续发展提供依据。

（11）本书根据 SRP 概念模型，因地制宜地构建松花江流域生态脆弱性指标体系，选择人口密度、人均 GDP、坡度、坡向、高程、植被覆盖度、年均气温、年均降水量、景观多样性、居民点干扰和生物丰度 11 个指标，以此来研究松花江流域 2005～2020 年的生态脆弱性时空分异。基于 SRP 模型对松花江流域 2005～2020 年生态脆弱性进行研究，并细化到不同尺度下的流域脆弱性分析，为松花江流域生态脆弱区的治理与发展提供保障。利用主成分分析方法对 2020 年松花江流域生态脆弱性影响因素进行分析。

9.2 展　望

流域生态问题越来越受到各研究学者们的关注，而如何选取指标、如何构建评价体系都对结果有一定影响，本书的不足与展望如下：

（1）流域生态脆弱性在大自然和人类综合作用下产生，本书尽可能全面地选取指标因子，但由于数据收集的局限性，如年份上、精度上、难以获取等原因，本书所构建的评价指标不能全面地反映松花江流域的生态脆弱性状况，在未来应进一步完善指标的选取。

（2）当前生态脆弱性没有统一的分级标准，不同学者会采取不同的分级标准，分级标准不同会对研究结果产生影响，所以建立科学的分级标准是今后深入研究的方向。

（3）本书利用层次分析法来确定流域生态脆弱性指标的权重，有一定主观性，尽管使用专家打分法对权重进行了微调，但在今后的研究中可以采用主观和客观相结合的方法，综合采用多种权重赋值方法处理权重问题。未来也希望在研究尺度上，把研究尺度缩小，在微观尺度进行研究。本书在研究方法的选择上也有不足，在选取指标时还没有一套成熟的系统规定相应的指标，不同区域都有着自身的特点，难以确定所选取的指标是否为最佳。且不同的研究方法会对应着不同指标选取，选取的指标与指标之间也或多或少会有矛盾，因此在选取时要尽量选择不引起争议的指标。在评价指标的选取上由于受到现有数据资源的限制等影响，选取的数据指标有限。在指标的数量确定上，由于可选取的指标数量较多，数据量和工作量也相对较大，因此在确保数据结果合理的情况下，在研究年份上应尽可能地增加数据样本量，这样算得的结果也会更加准确。同样，在韧性提升策略的方法选择时，应选取多种方案共同分析，这样得到的结果也会更加准确。

（4）权重的确定是韧性评价的关键，而确定权重的方法多种多样，如何选择合适的权重确定方法来更加精准地确定权重，也是需要再深入探究的。虽然本研究利用 IFAHP 与熵权法进行结合减少了主观因素的占比，但是任何方法都具有一定的缺陷，需要在日后的研究中进行改良和进一步探索，寻找合适的数学方法进行更加精准的权重计算。

（5）由于洪涝灾害本身具有一定的复杂性和不确定性，同时乡镇数据的复杂性、不精确性等特点，以及在数据获取和处理过程中存在一定的误差。因此对于松花江流域乡镇洪涝灾害韧性评价仍需深入研究，以期构建完善的松花江流域乡镇洪涝灾害韧性评估框架和韧性提升策略。

（6）目前脆弱性指标的选取存在诸多争议，并没有统一的标准。在选取过程中需要对社会脆弱性的内涵、作用过程和机制进行更为深刻的理解，建立更科学合理的评估指标体系。

（7）为了继续完善评估，应建立更加全面的韧性评价指标体系，探究多方面的数据整合以及适用性更强的指标，补充和完善松花江流域乡镇洪涝灾害韧性评价体系。在日后的研究中应扩充数据获取渠道和设立指标的依据。

（8）由于本书以松花江流域乡镇为研究对象，而相关数据往往以县级乃至市级为单位，可能导致收集到的数据不够精准、不够全面，对研究精度存在制约作用。在今后的研究中，应建立完善的松花江流域乡镇数据库，力求获取详尽的乡镇数据，覆盖各个方面，以此构建松花江流域乡镇洪涝灾害韧性评价指标体系，使得评价结果更为精准。

（9）虽然本书针对松花江流域的乡镇提出了韧性提升策略，但由于笔者的能力和技术限制，可能还存在许多不足之处。同时各个地区的基本情况存在着较大的差异，因此还需要在日后的研究中寻找到符合全国所有乡镇的韧性提升策略，保障我国乡镇的快速发展。

（10）本书在对松花江流域洪灾脆弱性空间格局的探讨中，基于综合脆弱性评估模型，建立脆弱性评估指标体系，定量化地评估了松花江流域不同区域的洪灾脆弱性水平。虽取得一定的成果，但因受到能力与时间的限制，如数据收集精度、软件操作及个人存在的局限性，本书还存在着很多的不足，如在指标选取方面，生境质量作为一项能够很好体现区域脆弱性的指标由于操作性问题并没有计入指标体系中；另外由于时间限制和人力限制本书仅对 4 个不同时相进行了数据采集并加以利用和分析，但实际上多年份的数据更能从长时间序列上体现松花江流域洪灾脆弱性的变化趋势，也可以依据过去的变化趋势对未来进行预测，对松花江流域的防灾减灾工作具有更具体的指导意义。

参 考 文 献

安芬, 李旭东, 程东亚. 2019. 贵州省乌江流域生态脆弱性评价及其空间变化特征. 水土保持通报, 39(4): 261～269.

巴战龙, 韩自强, 辛瑞萍. 2013. 美国应急征用和补偿机制及对我国的启示. 中国应急管理, (6): 45～49.

蔡进, 禹洋春, 骆东奇, 等. 2018. 重庆市农村多维贫困空间分异及影响因素分析. 农业工程学报, 34(22) : 235～245.

曹慧明, 许东. 2014. 松花江流域土地利用格局时空变化分析. 中国农学通报, 30(8) : 144～149.

常学礼, 赵爱芬, 李胜功. 1999. 生态脆弱带的尺度与等级特征. 中国沙漠, 19(2): 20～24.

常溢华, 蔡海生. 2022. 基于 SRP 模型的多尺度生态脆弱性动态评价——以江西省鄱阳县为例. 江西农业大学学报, 44(1) : 245～260.

陈金月, 王石英. 2017. 岷江上游生态环境脆弱性评价. 长江流域资源与环境, 26(3) : 471～479.

陈莉, 任睿. 2018. 中部六省绿色智慧城市发展水平评价. 淮阴工学院学报, 27(5): 79～85.

陈萍, 陈晓玲. 2011. 鄱阳湖生态经济区农业系统的干旱脆弱性评价. 农业工程学报, 20(8): 18～23.

陈耀辉. 2020. 河口海域生态脆弱性评估方法研究. 上海: 上海海洋大学.

陈余琴. 2012. 四川省洪水灾害恢复力评价研究. 重庆: 重庆师范大学.

陈云翔, 朱来友, 高燕, 等. 2004. 一种基于 GIS 的防洪决策系统的设计及实现. 应用基础与工程科学学报(增刊), 146～148.

程钰, 王晶晶, 王亚平, 等. 2019. 中国绿色发展时空演变轨迹与影响机理研究. 地理研究, 38(11): 2745～2765.

丁丽可, 胡文佳, 陈彬, 等. 2022. 热带海草床与珊瑚礁生态脆弱性评价——以马来西亚诗巫-丁宜群岛为例. 生态学杂志, 41(12): 2479～2488.

范强. 2017. 基于 SRP 模型资源枯竭型城市生态脆弱性时空分异研究. 大连: 辽宁师范大学.

方创琳, 王岩. 2015. 中国城市脆弱性的综合测度与空间分异特征. 地理学报, 70(2): 234～247.

冯滔, 李畅, 黄建武, 等. 2015. 荆州市洪灾社会脆弱性评价及其空间分异研究. 长江科学院院报, 32(9): 52～57.

高玉琴, 吴靖靖, 胡永光, 等. 2018. 基于突变理论的区域洪灾脆弱性评价. 水利水运工程学报, (1): 32～40.

郭婧, 魏珍, 任君, 等. 2019. 基于熵权灰色关联法的高寒贫困山区生态脆弱性分析——以青海省海东市为例. 水土保持通报, 39(3): 191～199.

郭跃. 2010. 自然灾害的社会易损性及其影响因素研究.灾害学, 25(1): 84～88.

黄晶, 佘靖雯, 袁晓梅, 等. 2020. 基于系统动力学的城市洪涝韧性仿真研究——以南京市为例. 长江流域资源与环境, 29(11): 2519～2529.

黄晓军, 王晨, 胡凯丽. 2018. 快速空间扩张下西安市边缘区社会脆弱性多尺度评估. 地理学报, 73(6): 1002～1017.

贾晶晶, 赵军, 王建邦, 等. 2020. 基于 SRP 模型的石羊河流域生态脆弱性评价. 干旱区资源与环境, 34(1): 34～41.

蒋卫国, 李京, 李忠武, 等. 2008. 洪水灾害人口风险模糊评价. 湖南大学学报(自然科学版), 35(9): 84～87.

金丽娟, 许泉立. 2022. 基于 SRP 模型的四川省生态脆弱性评价. 生态科学, 41(2): 156～165.

李鹤, 张平宇, 程叶青. 2008. 脆弱性的概念及其评价方法. 地理科学进展, 29(2): 18～25.

李俊翰, 高明秀. 2019. 滨州市生态系统服务价值与生态风险时空演变及其关联性. 生态学报, 39(21): 7815～7828.

李骊, 张青青, 王雅梅, 等. 2021. 2000—2018 年克孜河流域生态系统脆弱性、服务功能价值及风险评价. 中国沙漠, 41(2): 164～172.

李琳, 曾盈, 刘后平. 2022. 区域生态脆弱性与贫困的耦合关系——基于四川藏区 32 个县(市)的分析. 成都理工大学学报(社会科学版), 30(1): 40～48.

李梦杰, 刘德林. 2020. 河南省洪涝灾害的灾后恢复力研究. 水土保持通报, 40(6): 200～204.

李苏, 刘浩南. 2022. 干旱区城市化与生态韧性耦合协调的时空格局演化分析——以宁夏为例. 干旱区地理, 45(4): 1281～1290.

李想, 李维京, 赵振国. 2005. 我国松花江流域和辽河流域降水的长期变化规律和未来趋势分析. 应用气象学报, 16(5): 593～599.

李亚, 翟国方. 2017. 我国城市灾害韧性评估及其提升策略研究. 规划师, 33(8): 5～11.

李亚, 翟国方. 2018. 城市灾害韧性及其关联因素的相关性探析//中国城市规划学会. 共享与品质——2018 中国城市规划年会论文集. 杭州: 中国建筑工业出版社.

李阳力, 陈天, 臧鑫宇. 2022. 围水定策——中国 31 个省份水生态韧性评价与优化战略思考. 中国软科学, (6): 96～110.

梁芳源, 梁晨, 李晓文, 等. 2022. 基于系统保护规划的松花江流域湿地优先保护格局模拟研究. 湿地科学, 20(1): 56～64.

梁栩, 朱丽蓉, 叶长青. 2021. 基于系统动力学模型的南渡江流域水资源脆弱性评价. 长江科学院院报, 38(5): 17～24.

刘光旭, 王小军, 相爱存, 等. 2021. 赣江中上游地区土地利用变化空间分异与驱动因素. 应用生态学报, 32(7): 2545～2554.

刘慧, 师学义. 2020. 静乐县生态脆弱性时空演变与分区研究. 生态与农村环境学报, 36(1): 34～43.

刘佳茹, 赵军, 沈思民, 等. 2020. 基于 SRP 概念模型的祁连山地区生态脆弱性评价. 干旱区地理, 43(6): 1573～1582.

刘家福, 张柏. 2015. 暴雨洪灾风险评估研究进展. 地理科学, 35(3): 346～351.
刘金花, 杨朔, 吕永强. 2022. 基于生态安全格局与生态脆弱性评价的生态修复关键区域识别与诊断——以汶上县为例. 中国环境科学 42(7): 3343～3352.
刘凯, 任建兰, 程钰, 等. 2016. 黄河三角洲地区社会脆弱性评价与影响因素. 经济地理, 36(7): 45～52.
刘鹏举. 2021. 基于熵权法的生态脆弱性评价——以济南市为例. 环境影响评价, 43(2): 70～73.
刘轩, 粟晓玲, 刘雨翰, 等. 2022. 西北地区生态干旱脆弱性评估方法及其应用研究. 水资源保护, 38(3): 1～16.
刘艳清, 葛京凤, 李灿, 等. 2018. 基于空间自相关的城市住宅地价空间分异规律研究——以石家庄市城区为例. 干旱区资源与环境, 32(12): 55～62.
刘杨. 2017. 基于 HOP 模型的河北省区域脆弱性研究. 长春: 吉林大学.
刘毅, 黄建毅, 马丽. 2010. 基于 DEA 模型的我国自然灾害区域脆弱性评价. 地理研究, 29(7): 1153～1162.
娄德君, 王冀, 张雪梅, 等. 2019. 松花江流域初夏降水分布型的环流特征及差异. 气象与环境学报, 35(4): 63～68.
毛骁. 2020. 桑干河流域生态脆弱性评价. 北京: 北京林业大学.
齐姗姗, 巩杰, 钱彩云, 等. 2017. 基于 SRP 模型的甘肃省白龙江流域生态环境脆弱性评价. 水土保持通报, 37(1): 224～228.
齐玉亮. 2019. 松辽流域防汛抗旱减灾体系建设与成就. 中国防汛抗旱, 29(10): 80～88.
乔青, 高吉喜, 王维, 等. 2008. 生态脆弱性综合评价方法与应用. 环境科学研究, 21(5): 117～123.
曲衍波, 魏淑文, 刘敏, 等. 2019. 农村居民点多维形态空间格局与耦合类型. 自然资源学报, 34(12): 2673～2686.
单玉芬, 宋长虹. 2016. 黑龙江省松花江干流历年洪涝灾害损失情况分析, 水利科技与经济, 6(6): 78～79.
商彦蕊. 2013. 灾害脆弱性概念模型综述. 灾害学, 28(1): 112～116.
尚嘉宁, 邵怀勇, 李峰, 等. 2021. 金沙江流域生态脆弱性评价. 湖北农业科学, 60(8): 50～54.
石勇, 许世远, 石纯, 等. 2011. 基于 DEA 方法的上海农业水灾脆弱性评估. 自然灾害学报, 20(5): 188～192.
石育中, 王俊, 王子侨, 等. 2017. 农户尺度的黄土高原乡村干旱脆弱性及适应机理. 地理科学进展, 36(10): 1281～1293.
时雯雯, 周金龙, 曾妍妍, 等. 2021. 新疆乌昌石城市群地下水多重水质评价. 干旱区资源与环境, 35(2): 109～116.
史恭龙, 张溢, 李红霞, 等. 2021. 基于突变级数法的煤炭企业安全投入评价研究. 安全与环境学报, 22(4): 1～8.
苏贤保, 李勋贵, 刘巨峰, 等. 2018. 基于综合权重法的西北典型区域水资源脆弱性评价研究,干旱区资源与环境, 32(3): 112～118.
孙鸿超, 张正祥. 2019. 吉林省松花江流域景观格局脆弱性变化及其驱动力. 干旱区研究, 36(4): 1005～1014.
孙宇晴, 杨鑫, 郝利娜. 2021. 基于SRP模型的川藏线2010—2020年生态脆弱性时空分异与驱动机制研究. 水土保持通报, 41(6): 201～208.
汤洁, 王宪泽, 李青山, 等. 2011. 第二松花江流域1956—2006年降水量时空变化特征分析. 水资源保护, 27(6): 14～18.
陶洁怡, 董平, 陆玉麒. 2022. 长三角地区生态韧性时空变化及影响因素分析. 长江流域资源与环境, 31(9): 1975～1987.
汪德根, 蔡建明, 郭华. 2012. 国外弹性城市研究述评. 地理科学进展, 31(10): 1245～1255.
汪永生, 李玉龙, 王文涛. 2022. 中国海洋生态经济系统韧性的时空演化及障碍因素. 生态经济, 38(5): 53～59.
王栋, 潘少明, 吴吉春, 等. 2004. 洪水的风险分析. 应用基础与工程科学学报(增刊), 134～140.
王红毅, 于维洋. 2012. 基于灰色聚类法的河北省区域社会经济系统脆弱性综合评价. 生态经济(学术版), (1): 58～62.
王介勇, 赵庚星, 杜春先. 2005. 基于景观空间结构信息的区域生态脆弱性分析——以黄河三角洲垦利县为例. 干旱区研究, 22(3): 317～321.
王劲峰等. 1995. 中国自然灾害区划: 灾害区划、影响评价、减灾对策. 北京: 中国科学技术出版社.
王艳艳, 李娜, 王杉, 等. 2019. 洪灾损失评估系统的研究开发及应用. 水利学报, 50(9): 1103～1110.
王钰, 胡宝清. 2018. 西江流域生态脆弱性时空分异及其驱动机制研究. 地球信息科学学报, 20(7): 947～956.
卫敏丽. 2012. 国务院颁布实施国家综合防灾减灾“十二五”规划. 中国减灾, (1): 9.
魏春凤. 2018. 松花江干流河流健康评价研究. 长春: 中国科学院大学(中国科学院东北地理与农业生态研究所).
魏琦. 2010. 北方农牧交错带生态脆弱性评价与生态治理研究. 北京: 中国农业科学院.
闻熠, 肖涛, 谈晟荟, 等. 2022. 基于熵值-突变级数法上海市生态安全评价与对策研究. 生态科学, 41(3): 124～132.
吴昌贤, 薄岩, 杜悦悦, 等. 2022. 松辽流域生态流量赤字及其成因. 环境科学学报, 42(1): 151～159.
吴春生, 黄翀, 刘高焕, 等. 2018. 基于模糊层次分析法的黄河三角洲生态脆弱性评价. 生态学报, 38(13): 4584～4595.
吴娇, 刘春霞, 李月臣. 2018. 三峡库区(重庆段)生态系统服务价值变化及其对人为干扰的响应水土保持研究, 25(1): 334～341.
熊治平. 2005. 江河防洪概论. 武汉: 武汉大学出版社.

徐兴良, 于贵瑞. 2022. 基于生态系统演变机理的生态系统脆弱性、适应性与突变理论. 应用生态学报, 33(3): 623～628.

徐振强, 王亚男, 郭佳星, 等. 2014. 我国推进弹性城市规划建设的战略思考. 城市发展研究, 21(5): 79～84.

许兆丰, 田杰芳, 张靖. 2019. 防灾视角下城市韧性评价体系及优化策略. 中国安全科学学报, 29(3): 1～7.

闫庆武, 卞正富. 2007. 基于 GIS 的社会统计数据空间化处理方法. 云南地理环境研究, 19 (2): 92～97.

杨俊, 向华丽. 2014. 基于 HOP 模型的地质灾害区域脆弱性研究——以湖北省宜昌地区为例. 灾害学, 29(3): 131～138.

杨强. 2012. 基于遥感的榆林地区生态脆弱性研究. 南京: 南京大学.

姚建, 丁晶, 艾南山. 2004 岷江上游生态脆弱性评价. 长江流域资源与环境, 13(4): 380～383.

伊元荣, 海米提·依米提, 王涛, 等. 2008. 主成分分析法在城市河流水质评价中的应用. 干旱区研究, 25(4): 497～501.

游温娇, 张永领. 2013. 洪灾社会脆弱性指标体系研究. 灾害学, 28(3): 215～220.

余中元, 李波, 张新时. 2014. 社会生态系统及脆弱性驱动机制分析. 生态学报, 34(7): 1870～1879.

禹艺娜, 王中美. 2017. 基于 GIS 和 AHP 的贵阳市环城林带生态敏感性评价. 中国岩溶, 36(3): 359～367.

曾艾依然. 2020. 过度旅游压力下的旅游社区韧性研究. 北京: 北京林业大学.

张佳辰, 高鹏, 董学德, 等. 2021. 基于景观格局分析的青岛市海岸带生态脆弱性评价. 生态与农村环境学报, 37(8): 1022～1030.

张明顺, 李欢欢. 2018. 气候变化背景下城市韧性评估研究进展. 生态经济, 34(10): 154～161.

张渊. 2020. 基于 VOR 模型的滇池流域生态系统健康多尺度评价研究. 昆明: 云南财经大学.

张争胜, 孙武, 周永章. 2008. 热带滨海干旱地区生态环境脆弱性定量评价——以雷州半岛为例. 中国沙漠, 28(1): 125～130.

赵冰, 张杰, 孙希华. 2009. 基于 GIS 的淮河流域桐柏一大别山区生态脆弱性评价. 水土保持研究, 16(3): 135～138.

赵鹏霞, 朱伟, 王亚飞. 2018. 韧性社区评估框架与应急体制机制设计及在雄安新区的构建路径探讨.中国安全生产科学技术, 14(7): 12～17.

赵志赫. 2018. 松花江干流堤防工程护岸结构设计与优化. 哈尔滨: 哈尔滨工程大学船舶工程学院.

Abson D J, Dougill A J, Stringer L C. 2012. Using Principal Component Analysis for information-rich socio-ecological vulnerability mapping in Southern Africa. Applied Geography, 35(1-2): 515～524.

Adger W N. 2000. Social and ecological resilience: are they related?. Progress in Human Geography, 24(3): 347～364.

Adger W N, Terry P H, Folke C, et al. 2005. Social-Ecological Resilience to Coastal Disasters. Science, 309(5737): 1036～1039.

Aldunce P, Beilin R, Handmer, et al. 2014. Framing disaster resilience. Disaster Prevention and Management, 23(3): 252～270.

Alexander F, Gabriele H, Sylvia K. 2014. Benefits and Challenges of Resilience and Vulnerability for Disaster Risk Management. International Journal of Disaster Risk Science, 5(1): 3～20.

Asare-Kyei D, Renaud F G, Kloos J, et al. 2017. Development and validation of risk profiles of West African rural communities facing multiple natural hazards. PloS one, 12(3): 171～182.

Berkes F, Ross H. 2013. Community resilience: toward an integrated approach. Society & Natural Resources, 26(1):5～20.

Boon H J. 2014. Disaster resilience in a flood-impacted rural Australian town. Natural Hazards, 71(1): 683～701.

Chen J, Wang D. 2021. Government credit risk assessment of non-profit public-private partnership projects in China based on the IVHFSs-IFAHP model. Scientia Iranica, 28(1): 38～48.

Cinner J E, Cindy H, Darling E S, et al. 2013. Evaluating Social and Ecological Vulnerability of Coral Reef Fisheries to Climate Change. PloS one, 8(9): 1～12.

Cox R S, Hamlen M. 2015. Community disaster resilience and the rural resilience index. American Behavioral Scientist, 59(2): 220～237.

Cutter S L, Barnes L, Berry M, et al. 2008. A place-based model for understanding community resilience to natural disasters. Global environmental change, 18(4): 598～606.

Cutter S L, Finch C. 2008. Temporal and spatial changes in social vulnerability to natural hazards. Proceedings of the National Academy of Sciences of the United States of America, 105(7): 2301～2306.

Cutter S L, Kevin D A, Christopher T Emrich. 2016. Urban–Rural differences in disaster resilience. Annals of the American Association of Geographers, 106(6): 1236～1252.

Cutter S L, Kevin D A, Emrich C T. 2014. The geographies of community disaster resilience. Global Environmental Change, 29: 65～77.

de Bruijn K M. 2004. Resilience and flood risk management. Water Policy, 6(1): 53～66.

Dong J, Dong D X. 2022. Application of motion effect evaluation algorithm based on random forest. Computational Intelligence and Neuroscience, (2022): 2039423.

Duguy B, Alloza J A, Baeza M J, et al. 2012. Modelling the ecological vulnerability to forest fires in Mediterranean ecosystems using geographic information technologies. Environmental management, 50(6): 1012～1026.

Dwarakish G S, Vinay S A, Natesan U, et al. 2009. Coastal vulnerability assessment of the future sea level rise in Udupi coastal zone of Karnataka state, west coast of India. Ocean & Coastal Management, 52(9): 467～478.

Feofilovs M, Romagnoli F, Campos J I. 2020. Assessing resilience against floods with a system dynamics approach: a comparative study of two models. International Journal of Disaster Resilience in the Built Environment, 11(5): 615～629.

Fikret B, Helen R. 2013. Community resilience: Toward an integrated approach. Society & Natural Resources, 26(1): 5～20.

Folke C. 2006. Resilience: The emergence of a perspective for social-ecological systems analyses. Global environmental change, 16(3): 253～267.

Francis R, Bekera B. 2014. A metric and frameworks for resilience analysis of engineered and infrastructure systems. Reliability Engineering and System Safety, 121, 90～103.

Gilberto C, Gallopín. 2006. Linkages between vulnerability, resilience, and adaptive capacity. Global Environmental Change, 16(3): 293～303.

Godschalk D R. 2003. Urban hazard mitigation: creating resilient cities. Natural Hazards Review, 4(3): 136～143.

Gonzalez P, Neilson R P, Lenihan J M, et al. 2010. Global patterns in the vulnerability of ecosystems to vegetation shifts due to climate change. Global Ecology & Biogeography, 19(6),755～768.

Handayani W, Fisher M R, Rudiarto I, et al. 2019. Operationalizing resilience: A content analysis of flood disaster planning in two coastal cities in Central Java, Indonesia. International Journal of Disaster Risk Reduction, 35: 101073.

Holling C S. 1973. Resilience and stability of ecological systems. Annual review of ecology and systematics, 4(1): 1～23.

Hong J, Zhou J A, Wang J H, et al. 2010. Resilience to natural hazards: a geographic perspective. Natural Hazards, 53(1): 21～41.

Horne J F I, Orr J E. 1998. Assessing behaviors that create resilient organizations. Employment relations today, 24(4): 29.

Ippolitio A, Sala S, Faber J H, et al. 2010. Ecological vulnerability analysis: a river basin case study. Science of the Total Environment, 408(18): 3880～3890.

Jackson L E, Bird S L, Matheny R W, et al. 2004. A regional approach to projecting land-use change and resulting ecological vulnerability. Environmental Monitoring & Assessment, 94(1-3): 231～248.

Keating A, Campbell K, Szoenyi M, et al. 2017. Development and testing of a community flood resilience measurement tool. Natural Hazards And Earth System Sciences, 17(1): 77～101.

Kim D H, Lim U. 2016. Urban Resilience in Climate Change Adaptation: A Conceptual Framework. Sustainability, 8(4): 405.

Laurien F, Hochrainer-Stigler S, Keating A, et al. 2020. A typology of community flood resilience. Regional Environmental Change, 20(1): 1～14.

Liu D, Fan Z, Fu Q, et al. 2020. Random forest regression evaluation model of regional flood disaster resilience based on the whale optimization algorithm. Journal of Cleaner Production, 250(C): 119468.

Markham A. 1996. Potential impacts of climate change on ecosystems: A review of implications for policymakers and conservation biologists. Climate Research, 6(2): 179～191.

Negret P J, Marco M D, Sonter L J. 2020. Effects of spatial autocorrelation and sampling design on estimates of protected area effectiveness. Conservation biology, 34(6): 1452～1462.

Ntontis E, Drury J, Amlot R, et al. 2020. Endurance or decline of emergent groups following a flood disaster: Implications for community resilience. International Journal of Disaster Risk Reduction, 45(C): 101493

Paton D, Johnston D. 2001. Disasters and communities: vulnerability, resilience and preparedness. Disaster Prevention and Management, 10(4): 270～277.

Reddy C S, Pasha S V, Jha C S, et al. 2015. Geospatial characterization of deforestation, fragmentation and forest fires in Telangana state, India: conservation perspective. Environmental monitoring and assessment, 187(7): 455～462.

Sarker M N I, Peng Y, Yiran C, et al. 2020. Disaster resilience through big data: Way to environmental sustainability. International Journal of Disaster Risk Reduction, 51: 101769.

Su Y. 2020. Selection and Application of Building Material Suppliers Based on Intuitionistic Fuzzy Analytic Hierarchy Process (IFAHP) Model. IEEE Access, 8: 136966～136977.

Tobin G A. 1999. Sustainability and community resilience: the holy grail of hazards planning? Global Environmental Change Part B: Environmental Hazards, 1(1): 13～25.

Tobler W . 1970. A comput er movi e simul atingur ban growth in the detroit region .Economic Geo graphy, 46 (2) :234～240.

Tuohy R, Stephens C. 2012. Older adults' narratives about a flood disaster: Resilience, coherence, and personal identity. Journal of Aging Studies, 26(1): 26～34.

Turner, B L, Kasperson R E, Matson P A, et al. 2003. A framework for vulnerability analysis in sustainability science. Proceedings of the National Academy of Sciences, 100(14): 8074～8079.

Wickes R, Zahnow R, Taylor M, et al. 2015. Neighborhood structure, social capital, and community resilience: Longitudinal evidence from the 2011 Brisbane flood disaster. Social Sciemce Ouarterly, 96(2): 330～353.

Wu Z, Shen Y, Wang H. 2020. Urban flood disaster risk evaluation based on ontology and Bayesian Network. Journal of Hydrology, 583(C): 124596.

Zhou H, Wang J, Wan J, et al. 2010. Resilience to natural hazards: a geographic perspective. Natural Hazards, 53(1)：21～41.